智元微库
OPEN MIND

成 长 也 是 一 种 美 好

创伤之前我是谁

找回内心强大的自我

路易丝·雷德曼
(Luise Reddemann)

[德] 苏珊·吕克　　　　著
(Susanne Lücke)

科妮丽娅·阿佩尔-拉姆布
(Cornelia Appel-Ramb)

崔灿　译

Imagination als heilsame Kraft

Ressourcen und Mitgefühl in der Behandlung von Traumafolgen

人民邮电出版社

北京

图书在版编目（CIP）数据

创伤之前我是谁：找回内心强大的自我／（德）路易丝·雷德曼，（德）苏珊·吕克，（德）科妮丽娅·阿佩尔－拉姆布著；崔灿译．—北京：人民邮电出版社，2022.3（2023.11重印）
ISBN 978-7-115-58036-8

Ⅰ．①创… Ⅱ．①路… ②苏… ③科… ④崔… Ⅲ．①成功心理 Ⅳ．① B848.4

中国版本图书馆 CIP 数据核字（2021）第 243687 号

版 权 声 明

Imagination als heilsame Kraft: Ressourcen und Mitgefühl in der Behandlung von Traumafolgen

copyright © 2001, 2016 by Klett-Cotta - J. G. Cotta'sche Buchhandlung Nachfolger GmbH, gegr. 1659, Stuttgart

◆ 著　　　　〔德〕路易丝·雷德曼（Luise Reddemann）
　　　　　　〔德〕苏珊·吕克（Susanne Lücke）
　　　　　　〔德〕科妮丽娅·阿佩尔－拉姆布（Cornelia Appel-Ramb）
　 译　　　　崔　灿
　 责任编辑　张渝涓
　 责任印制　周昇亮
◆ 人民邮电出版社出版发行　　北京市丰台区成寿寺路 11 号
　 邮编 100164　电子邮件 315@ptpress.com.cn
　 网址 https://www.ptpress.com.cn
　 天津千鹤文化传播有限公司印刷
◆ 开本：880×1230　1/32　　　　　　彩插：8
　 印张：9.25　　　　　　　　　　　2022 年 3 月第 1 版
　 字数：150 千字　　　　　　　　　2023 年 11 月天津第 2 次印刷
　　　　　　　著作权合同登记号图字：01-2021-3939 号

定　价：59.80 元

读者服务热线：（010）81055522　印装质量热线：（010）81055316
反盗版热线：（010）81055315
广告经营许可证：京东市监广登字 20170147 号

关于本书（克雷特－柯塔出版社寄语）

许多精神和身心疾病都和心理创伤经历有或多或少的关联。今天我们甚至了解到，几年前人们认为只是由身体原因引起的疾病其实很多都是心理创伤造成的，尤其是童年创伤会对受创者一生的健康带来严重的影响。很多人都具备潜在的自我疗愈力，这种自我疗愈力一旦得到支持和施展，将发挥惊人的疗愈效果。作者基于此创作并收集了诸多有疗愈效果的想象练习，可以帮助人们建立内心的稳定，直面并放下过去沉重的创伤性事件，开启新的生活。苏珊·吕克（Susanne Lücke）在路易丝·雷德曼（Luise Reddemann）的想象疗法中增添了艺术疗愈的元素，让来访者通过绘画创作反映内心的图像。科妮丽娅·阿佩尔－拉姆布（Cornelia Appel-Ramb）为本书写作了儿童和青少年的心理疗愈部分。

再版前言

　　本书已经在德国面世 15 年，并且有了许多读者。15 年时间斗转星移，精神创伤学当然也是日新月异。为满足广大读者的需求，本书也进行了相应的修订。

　　我一直不断探究创伤疗愈的方法，尤其是近年来以心理动力学的想象为导向的疗愈方式持续取得新的进展，因此我认为很有必要通过修订版将我的最新工作成果分享给读者。

　　在此特别感谢克雷特－柯塔出版社（Klett-Cotta）的克里斯蒂娜·特雷姆尔博士（Dr. Christine Treml）在本书（德语版）出版过程中给予我的帮助与支持。

　　"是否应尽快直面创伤"这一问题目前还存在很大的争议。我们不禁要问，那些从儿童时期开始长年遭受各种暴力的人如何能做到尽快直面创伤呢？如果他们经历过很多次心理创伤，哪些是他们应该尽快面对的呢？对受创者来说，往事不堪回首，但是创伤本身真的是所有问题的根源吗？难道受创者本人长期进行的适应伤痛和折磨的尝试不会引起更大的问题吗？如果只经历过一次创伤，或者经历过复杂创伤的人内心非常稳定，我当然也不反对他们尽快直面引起创伤的场景。

还需要强调的是，每个受创者都是不同的个体，有不同的需求，每种疗愈模式都只能提供借鉴和参考。心理咨询师最终还是要和受创者一起，根据具体情况决定怎样做才是最有意义的。

根据我的经验，国际创伤学会极力推荐的"三阶段模式"对许多受创者来说都是有效的疗法，我很想把相关经验分享给大家。

我们需要通过深思熟虑来寻找风险最低的方法。精神创伤学界最有经验的心理咨询师之一理查德·克鲁夫特（Richard Kluft）很早以前便说过："开始时越慢、越稳，后面才能渐入佳境，越来越快。"

在我看来，培养受创者对自己的同情心尤为重要，已经具备自我同情心的人要更频繁地运用这种能力。实践证明，让受创者在内心描绘有助于疗愈的画面和运用想象力都是非常有效的培养自我同情心的方式。和 15 年前一样,我依然认为在疗愈过程中应该采取谨慎的、资源导向型的方式。所以本书的大框架没有变,修订版中只是增添了一些新的细节。

第六版前言

　　看到拙作对许多人，包括我的同行和受创者有所帮助，我深感欣慰。我收到了很多让我深受鼓舞的反馈，在此对大家表达诚挚的感谢。

　　同时，我也收到一些很中肯的批评性意见，其中最多的是问我是不是把事情看得过于乐观和美好了。当然，的确有些人已经绝望，他们总觉得自己诸事不顺；也有些人只要向别人诉说自己的痛苦和不幸，感觉自己被对方承认或接纳，便会豁然开朗，他们不需要先进行"建立内心的稳定"这个准备阶段，就可以直接进入疗愈阶段。而本书主要是针对那些需要经历很长的准备阶段才能开始面对创伤经历的人。若来访者内心没有平衡力量，就没有办法直面创伤。我接触过的很多来访者都接受过不同程度的心理咨询，但他们在内心依然没有办法平静下来。对他们来说，首先要找到内在的平衡力量，然后才能开始转变和疗愈。

我认为，不存在一种放之四海而皆准的心理疗愈方法。一方面，探究哪种疗愈方法最适合来访者是心理咨询师的任务；另一方面，我也建议来访者相信自己的感觉，如果感觉心理咨询师采用的疗愈方法不适合自己，要及时说出来并终止咨询。我知道这并不容易，但是来访者一定要尝试这么做。

很多人问我是否能写关于儿童与青少年的心理咨询方面的内容。我非常高兴科妮丽娅·阿佩尔-拉姆布女士根据自己的经验撰写了这一章，并得到很多和青少年儿童来访者打交道的同行的积极反馈，他们说可以很好地把想象疗法融入心理咨询工作，其中包括大家已经熟悉的游戏疗愈的方式。

在这一版中，我补充了一小部分内容。在第 1 章，我添加了第 3 节"欣赏并运用已有资源"；在书后列出了很多具有参考价值的参考文献。

◎ 目录

引言
关于创伤与创伤疗愈的基本思想

1985 年，我开始负责比勒菲尔德基督教医院（Evangelisches Klinikum Bethel）精神科工作时，德国的心理咨询师还不太重视研究来访者的心理创伤，他们认为创伤并没有那么重要，甚至认为那只是来访者虚妄的想象。20 世纪 80 年代初，爱丽丝·米勒[①]（Alice Miller）出版了几本关于心理创伤的书，但并没有引起业内的注意。在当时，来访者讲述的心理创伤基本都被当作臆想。2010 年以来，我们看到、听到了许多关于暴力的讨论，很多受害者也开始讲述自己的经历，但也有不少人因担心不被理解而三缄其口。

---

① 爱丽丝·米勒（1923 年 1 月 12 日—2010 年 4 月 14 日），瑞士心理学家、心理分析师、波兰犹太裔哲学家及作者，著作重点在儿童早期心理创伤的成因以及其在成年后的影响。

随着时间推移，我们清楚地认识到创伤经历是引起许多心理问题的原因或原因之一，最近也有一些权威的研究显示，心血管疾病及其他慢性病，尤其是中年阶段出现的糖尿病等疾病，也可能和童年时期遭遇的心理创伤有关（Felitti，1998）。

2000年以前，如果哪个心理咨询师非常认真地对待来访者讲述的可怕经历，会遭到其他同行的歧视。幸运的是，如今承认并接受来访者讲述的经历并不需要很大的勇气。虽然来访者讲述的细节不一定完全符合事实并且有据可循，但我们相信来访者经历了他们讲述的暴力事件，而且相信这些事件对他们的身心带来伤害。

近年来，心理咨询在人为的精神创伤领域的研究，尤其在儿童精神创伤的原因及其恶劣影响方面，取得了很大进展。如今的来访者有很多选择，可以比较哪种疗愈方式最适合自己。有些人喜欢循序渐进的温和疗法，有些人则愿意接受一场"疾风暴雨"的涤荡，好让一切伤痛都尽快成为过去。

从来访者身上学习——想象的疗愈力量

> 治病在人，治愈在天。
>
> ——帕拉塞尔苏斯（Paracelsus）

来访者常常是我的老师，看到他们在极端困难的情况下自己找到别具匠心的解决方法时，我会感到受益匪浅。比如，有的来访者创造了一个让自己很有安全感的内部或外部世界，他们"假想"出了内在的陪伴者，如守护使者、动物形象等来对抗孤独、获得安慰。当来访者看到我们非常尊重和欣赏他们这些有创意的想法时，就会和我们分享他们的内心世界。我从卡尔·西蒙顿[①]（Carl Simonton，1992）那里学到了这种练习方法：幻想一个美好的地方，"创造"对精神有帮助的生灵。这正好和我的那些来访者下意识的做法不谋而合。我一直觉得所有人心里多多少少都蕴含内在智慧。我经常观察到，那些来访者，特别是受到极大刺激的人，往往拥有他们清醒时自己都意识不到的知识和智慧。很多人已经忘记倾听自己的内在智慧，因为这种倾听需要绝对的平静，还需要给理智应有的空间，清楚理智并不占据最重要的位置。

还有一个事实让我感触颇深：每个人都有自我疗愈的能力，心理咨询师最重要的任务是支持这种能力。

如果有心理咨询师说他比来访者自己更了解什么对来访

---

① 卡尔·西蒙顿（1942 年 6 月 29 日—2009 年 6 月 18 日），美国放射医学和肿瘤医学的专科医生。

者最好，我觉得这是非常不妥的。来访者肯定比我们更清楚什么对他们有帮助。心理咨询师应该具备谦恭和倾听的态度。

我们支持来访者倾听自己的内心智慧，就等于支持他们的自我疗愈力，鼓励他们尽情释放自己被尘封已久的潜在力量。

如今，关于创伤疗愈的很多方法中都会用到想象这一方式。我在欣喜的同时也看到了危机：虽然将想象运用到心理疗愈中可能会对疗愈有所帮助，但这并不表示想象在任何时候、对每个人都有用，很多人并没有意识到这一点。每个人都是不同的个体，对这个人有用的方法很可能对另一个人有害。所以，我强烈建议来访者自己选择是否接受心理咨询师推荐的方法。无论来访者如何选择，心理咨询师都应该予以尊重。

关注内心的稳定以及想象的疗愈力

尽管有些人对"三阶段疗法"持不同意见，但以当今的知识水平，"三阶段疗法"对反复受创者来说依然是最有效的方式。其中，第一阶段是自体强大，在这个阶段不免会接触一点儿过去的伤痛，也就是说，来访者可以讲述自己的创伤经历。直面伤痛通常并不是一个行为概念，当来访者开始回顾过去的经历时，就已经在直面伤痛。自体强大的目的是让来访者在第二阶段有足够的承受力直面创伤，并进入第三步的融入阶段。在整个疗愈过程中，我们应该注意让受创者的内心足够稳定，只有这样，他们才能回首那段难以名状的黑暗，进而鼓足勇气讲出来。也就是说，要想直面过去的惊涛骇浪，受创者不仅需要外在的爱、关怀与陪伴，同时需要内在强大的力量以及对自己不断增加的同情心。心理咨询师一定要创造这样的环境。

这里尤其需要强调的是，直面过去的伤痛与恐惧并不是目的，而是一种方法，为的是让受创者能更健康地活在当下和未来。

很多人对"让受创者学会自我同情和自我安慰"这种观点表示质疑，认为安慰受创者本来就应该是心理咨询师的任务和职责。但如果受创者自己没有掌握这种能力，他就会越来越依靠他人，想不断在心理咨询师那里寻求安慰，而心理咨询师不可能随叫随到，更不会永远陪在受创者身边，这样双方都会陷入一种两难的境地。如果心理咨询师一开始就和受创者沟通，让他们相信自己有能力把内心安定下来，可以自己找到安慰，这会给他们很大的勇气。也就是说，心理咨询师扮演的角色是有同情心的陪伴者。如果受创者自己没有自愈能力，没有自我安慰的能力和生活下去的决心，他们怎么会在经历创伤后还能生活至今呢？我觉得这个问题有明确的答案，而受创者内心幻想出来的美好场景和有益的陪伴者似乎也可以证明我这种假设。

新的方式

其一，苦难是生活的常态，如果一个人不接受苦难，会苦上加苦。我认为这一点反映到受创者的疗愈过程中，意味着我们绝不能否认或低估他们遭受的痛苦，而是要坦然承认。这需要同情心，疗愈的过程也需要同情心，不论是对自己的同情心还是对他人的同情心。同情心不是"独行者"，而应该和专注力、友好、快乐一起出现。

其二，没有通往幸福的路，幸福本身就是一条路。这具体是什么意思呢？所有人，至少是大部分人，终其一生都在寻求幸福、快乐、满足。但是大家把大部分时间花在了清除阻挡你获得幸福的障碍上，他们应付障碍的时间远远大于享受幸福的时间。人们把精力放在处理不幸上，只会越来越觉得不幸，我们注意力的安放之处决定了我们在意什么、拥有什么。所以与感受不幸和不快一样，哪怕幸福的感觉只有一炷香、一盏茶的工夫，甚至只有一瞬间、一刹那，我们也要认真感受每个满足、舒适、快乐和幸福的时刻。我们在心理咨询中要不断强调这一点。

我们会建议来访者放在愉快和幸福上的注意力要与放在忧虑和问题上的注意力大致相等，像对待自己的情绪和无助感那样关注自己的能力和自主感。其实困难并不是时刻都存在的，它只存在很短的时间，但是我们经常会把注意力全放在上面，好像生活只由困难组成一样。

只有重新找回并加强获得快乐的能力，直面创伤的经历时才不会觉得难以承受。但是有很多人对此持不同意见，他们认为应该先应对苦难和折磨，只有这样才能重新快乐起来。我们都有这样的认识或经验：在春风得意时，困难更容易迎刃而解，这也是经过科学论证的观点。所以来访者和心理咨询师都要建立与内心力量源泉的联系，这样才能更容易处理、消化以及容纳过去的困难。需要特别注意的是，患有复杂性创伤后应激障碍（PTSD）[①]的人经常感觉过去的可怕事件历历

---

① 创伤后应激障碍是指个体由于经历情感、战争、交通事故等创伤事件，导致症状长期持续的精神障碍。

在目，仿佛现在正在发生。也就是说，受创者往往需要经过长时间的心理咨询，才能意识到现实情况早已今非昔比，当下的自己与从前相比早已判若两人。有创伤经历的人有时候确实不太能意识到自己当下已处于一个相对安全的氛围，也体会不到自己能走到这一步已做出多少努力。他们仿佛深陷在过去的痛苦泥沼中无法自拔。因此，在心理动力学的想象创伤疗愈中，有一点非常重要，那就是让受创者有意识地生活在此刻，并发挥他们潜在的可能性。

我认为"没有通往幸福的路，幸福本身就是一条路"这句话非常值得推荐。按照这个说法，如果我们本身在追求幸福，那就不应该绕路，不应该迟疑，幸福本来就在你正在走的路上。

同情心和专注力是疗愈的核心要素。为了培养受创者的这些能力，我在书中给出了一系列针对性练习。

我们的疗愈方法是建立在综合的心理动力学理论基础上的。以正向移情、负向移情和潜意识为理念的精神分析学确实为心理咨询师提供了好的理解基础，但为了满足受创者对疗愈的要求，应该稍稍修改这种传统的精神分析干预。一些新的疗愈方法应运而生，并且在德国已初见成效，特别是心理咨询师和来访者的关系越来越被重视，现在有越来越多的机会让来访者认识到自我效能，培养相关的能力。另外，创伤的后果以及由创伤引起的敏感和易受伤害性也越来越得到业界的承认和关注。

多个自我的观念

我们工作的另一个基础是考虑一个事实——我们每天都在变化，我们每天都是由不同部分组成的新个体。许多人以为自己一直没变过，但即使只从生理学的角度来看，这一观点也并不符合事实。因为新陈代谢无时无刻不在进行，身体每天都在更新和变化，精神和心灵层面也是如此。请你回想一下几年前或更久以前的自己，当时的你肯定不会在所有层面，比如理想、爱好和观点上，都和如今的你一模一样。万物皆流，无物常驻，宇宙中的一切都处于流动变化之中。

这种变化过程是那么顺理成章、自然而然，以至于我们都没留意到它。很多人害怕变化，他们觉得持久不变才有安全感。古希腊哲学家赫拉克利特（Herakleitos）说过："唯一不变的是变化本身。"这种看法给我们开了一扇窗。当我们学着不带任何偏见观察这种变化时，就会看到其中蕴含的潜力。

今日之我已非过去之我，今日之我可以尝试与从前的多个自我建立联系，可以与之对话，安慰并支持"过去之我"。反之，"过去之我"也可以给"今日之我"打气加油。

特别重要的是，要让来访者明白，从现在开始，他们可以为当下和未来做新的决定。接纳"过去之我"，并不需要把过去从记忆中抹去，重要的是给"今日之我"做想做之事的机会。这样就可以把"过去"安放在应有的地方，"过去"属于过去，来访者需要重新上路，并且他们有很多路可以选，幸福本身这条路当然也在其中。

在本书中，我想介绍如何让经历过创伤的人不仅注意到伤痛，同时还能关注自己内在的快乐和幸福的能力，这样才能把伤痛安放在应有的位置。奥地利诗人艾利希·傅立特（Erich Fried）说过："能用来平衡不幸的只有一种……那就是幸福。"我想说明的是，即使有过极端无助经历的人，也具有能力和自主性，或者恰恰是这种经历让他们具备能力和自主性。

本书为谁而写

我首先想把这本书写给心理咨询师。其次，在今天这个时代，让来访者了解心理学知识也属于心理咨询工作的范围。心理咨询师和来访者配合双方工作的最佳前提是双方都掌握详细的信息。对于受过创伤的来访者来说，了解自己的情况、掌握心理学的知识对自我控制尤为重要。心理咨询师可以把本书推荐给自己的来访者。

特别是，可能对所有人来说，我在本书中编写的想象练习都能发挥作用。另外，在我描写的诸多想象中，有一部分可能会有助于心理咨询师提高自我关怀能力。

有关创伤后应激障碍的理论，我在书中只做简单介绍，因为目前这方面已有充足的文献资料。作为优秀的入门读物，我特向大家推荐布托洛（Butollo）和他的工作人员的书（1999，2013）；菲舍尔和里德塞尔（Fischer & Riedesser）编写的教科书稍微深奥一点儿，但也很值得一读；安德烈亚斯·梅克尔（Andreas Maercker）的相关图书也令人百读不厌。有关 PTSD 的书真是多到无法"一览无遗"。至于心理自助方面的书，我推荐我和科妮丽娅·德纳–拉乌（Cornelia Dehner-Rau）合著的《创伤疗愈》[①]。

---

① 原书名为德文：*Trauma heilen*。

本书可以说是我自己关于创伤疗愈经验的第一手资料，书中列举了大量实例供大家借鉴，希望可以激发读者将以同情心和受创者资源为导向的方法运用到创伤疗愈中。

研究战争创伤的学者和心理咨询师在与疗愈家庭创伤的心理咨询师和研究者合作时发现：受到集体性创伤和家庭创伤的人在不能消化并接受伤痛时，有非常相似的症状。同时，二者又有重要的区别，比如两种创伤产生的影响不尽相同。

个体的压力——结构性暴力

本书主要讲述个人心理创伤的疗愈方法，这并不是指全书对结构性暴力①只字不提。我觉得一个人要想应对结构性暴力，首先要做到内心平静，也就是有自我管理和应激管理的能力。尽管如此，我还是认为有必要清楚个体暴力和结构性暴力的关系，并在此基础上探讨创伤经历中的人为创伤。

我在书中选取的例子和插图要么是不那么难以承受的案例，比如交通事故，要么是不会泄露太多细节的事情，因为

---

① 结构性暴力的特殊之处在于这种暴力并没有直接的施暴者，暴力隐含在制度、结构之中。

阅读可怕的案例本身也可能让读者受伤。这当然不是说我们在疗愈中不去倾听暴力和折磨。恰恰相反，为暴力受害者提供心理咨询的心理咨询师应该在他们感觉合适的时候倾听来访者内心的声音。

关于心理疗愈态度及心理动力学的一些思考

只有在来访者信任心理咨询师的前提下，心理干预才会有效。因此，心理咨询师应该想方设法创造一个绝对安全和舒适的环境，让来访者体验到温暖，进而信任自己。心理咨询师们都明白，与来访者建立良好的关系对于疗愈效果至关重要。

我从心理动力学角度理解的"建立内心的稳定"是增强自体功能。弗洛伊德的观点是"受创之我"并不是"通常的我"（1937）。我觉得弗洛伊德所指的精神分析方式中有关自我研究和结构性干预的部分需要加以修改。另外，新精神分析方法中的关系精神分析以及主体间性（又译为"交互主体性"）都在我的工作中起重要作用。在我看来，"创伤疗愈"并不是一种特殊的工作方式，而是心理咨询师按照来访者所能提供的信息和资源采取的应对行动。

疗愈的对象是人，而不是创伤本身，所以应该以人为本！

如上所述，心理咨询师应该和来访者一起，在有限的时间内以研究和开放的心态找出各种有益于疗愈的可能性。当前的研究表明，对来访者真正有用的不是疗愈方法，而是来访者与心理咨询师的关系，以及来访者自己具备的、帮助过他们的资源（Wampold，2010）。探明这一点是我工作的重要部分。

很多来访者还意识不到自己内在的潜力有多大，不清楚自己曾有多少次通过行动保护自己，不知道自己曾付出多少勇气才支持自己走到现在。心理咨询师应挖掘出这些内在的财富，并让来访者自觉地运用。

"想象"疗法具有适应性（Singer，1986）。在第一阶段的心理咨询中，心理咨询师应该给来访者提供能够对抗伤痛的工具，让他们可以平静而巧妙地应对创伤及其引起的心理防御机制。尤其是，在疗愈过程中我们要允许一定程度的退行，运用"内在小孩"或自我状态既有助于来访者自我调节，也能增强其与心理咨询师的联系。菲尔斯特瑙（Fürstenau）[1]30年前就写过如何通过调整精神分析的方法来面对被削弱的自己。

———————————

[1] 菲尔斯特瑙（1930年5月20日—2021年3月27日），德国精神分析师和心理咨询师。

2007 年，他的书《共情、权衡与启发性干预》①的第三版与读者见面了。这本书非常有指导性，我强烈推荐有兴趣的人详读。第一阶段的心理疗愈，在自体心理学的概念里是要强大自体，在客体心理学里是要建立稳定良好的内在客体表征。

　　心理咨询师要对来访者有充分了解，尊重来访者的需求和他们战胜创伤的策略，这一点很重要。约瑟夫·魏斯（Joseph Weiss）在 1994 年就指出，来访者在接受疗愈和精神分析时必须感觉非常安全，他们与心理咨询师的相处当然也应如此。魏斯和他的工作团队提出了"主控理论"（control mastery theory），认为来访者也会不自觉地测试心理咨询师是否值得信任。传统精神分析学里有一条很好的规定是，心理咨询师在解释来访者的陈述、表现、联想和梦境时不得弱化来访者的自我。也就是说，要等到来访者经过"建立内心的稳定"阶段和"直面创伤"阶段，其自我得到强大之后，心理咨询师才可以对其陈述、表现等做出解释。魏斯研究的很多病例都是在儿童时期受创的人。此外，奥林奇（Orange）等人指出（2001），精神分析中要求心理咨询师保持中立态度

---

① 原书名为德文：*Psychoanalytisch Verstehen, Systemisch Denken, Suggestiv Intervenieren*。

是最值得商榷的理论。我的经验亦是如此，我觉得受过精神创伤的来访者需要能明确地感受、关心他们的心理咨询师。

同情心是基础

马克西米利安·戈特施利希（Maximilian Gottschlich）是奥地利的沟通学家，他在 2007 年出版了一本关于医疗和同情心的书，并在书中指出：同情心是沟通医疗的基础。没有饱含同情心的沟通，虽然可能会出现以效率为导向的健康产业和顶尖的医学研究，但是绝不会产生疗愈的文化。这种文化对人类的未来至关重要……饱含同情心的沟通并不是达到目标的手段，这本身就是我们努力的目标。

这一方法和准则当然也适用于心理疗愈。特别是，对受过伤害并因此产生心理问题的来访者来说，有同情心的心理咨询师在疗愈中起决定性作用。同情心并不是天生具足的，其需要通过练习来培养。另外，心理咨询师的同情心并不只针对来访者，心理咨询师在遇到不顺利的情况时，也应对自己抱有同情。本书在"心理动力学的想象创伤疗愈"相关内容中，会分析如何使用同情心应对受伤的内在自我部分。

同情心并不只是共情。共情是设身处地体验他人的感受，可以是中立的。同情心虽然需要共情，但更强调心理咨询师要对来访者表现出来，以及来访者要在与自己的相处中表现出来，并产生对健康有益的效果。

同情心会引出资源导向和尊重导向。如果只关注伤痛部分（伤痛导向），来访者最终是不会被疗愈的。只有尊重来访者的尊严和人格，他们才可能康复。此外，同情心还表现为共喜悦、同欢乐，比如心理咨询师让来访者看出自己和他们一起高兴。

资源导向

我建议心理咨询师从与来访者进行第一次谈话起，除了满怀同情心地了解来访者沉重的生活往事，还要谈及那些让他们开心的时刻以及他们能做好的事情，也就是要聊他们自己拥有的资源。我称之为询问"存活的艺术"（Reddemann，2012）。心理咨询师应该先对来访者的悲伤和痛苦给予相应的承认和尊重，然后再提这些问题。我们还需在咨询初期向来访者详细说明心理咨询师在整个疗愈过程中参与的部分。如果我们只询问来访者的痛苦经历，就在无形中传递了一个信息：我们只对来访者的"问题"感兴趣，这样来访者也会只关注他的"问题"；相反，如果来访者注意到我们非常看重他的优点，他就会受到间接的鼓励，会投入更多的精力去挖掘自己的优点和资源。在这个过程中，同情心打通了心理咨询师和来访者的联系（Reddemann，2012），我们像在进行钟摆运动那样，一会儿向来访者展示自己对其伤痛经历和问题感兴趣，一会儿又留意他们的长处和成功的经历。在直面创伤阶段，我们可以把注意力暂时都放在精神负担方面，而在后期疗愈阶段，应该把关注点向来访者的资源方面倾斜。

心理咨询师与来访者发生争执是没有意义的。来访者自己最清楚在特定的时刻什么方式对他们最适合，我们不要把自己的意见强加于人，而是要提供各种可能性，并尊重来访者自己的解决方式。如果心理咨询师带着"资源导向的耳朵"去倾听，总会有新的发现，我们要在这方面不断练习。与快乐相比，人们更容易记住痛苦，思维和记忆都被羁绊在其中。所以心理咨询师应该主动引导来访者，不要把赏心乐事都抛在脑后，而是多让良辰美景常驻心间。

但资源导向绝对不能作为心理咨询师不充分关心来访者痛苦的托词。

　　还有一点至关重要，心理咨询师不能替来访者做他们自己力所能及的事情，而是要和他们一起处理、共同决定。也就是说，心理咨询师在帮助来访者恢复自我功能时，帮助的尺度应该恰到好处，而不是越俎代庖，否则可能会适得其反。我的习惯是每次进行心理干预，都以提问式话语征求来访者的意见，比如"是不是这样""你觉得怎么样"等。进行提问式干预的目的是让来访者自己承担更多的责任。如果心理咨询师说："你现在这样做，因为……"或"你还是对……感到恐惧"，就达不到这种目的。重点是心理咨询师要与来访者一起思考当下的情况，否则无形之中会让人感觉双方的关系好像是一个聪明干练、才华横溢的心理咨询师在面对力有不逮、束手无策的来访者，如果是这样，咨询关系就会陷入一种不平衡状态。

　　因此，建议心理咨询师要在来访者力所能及的情况下，尽可能多地让他们自己承担心理疗愈工作，自己来决定咨询进度。我们不能把来访者的"我做不到，我一直都不会这个"等话语当作信条，而是要仔细探究下面的问题："真的一直是这样吗？""有例外吗？""这些话对你实现目标有帮助吗？""你心中是谁在这样说？""这是自我防御机制中的心力内摄吗？"。

如前文所述，桑普森（Sampson）和魏斯 1986 年在精神分析中证明，来访者也会测试心理咨询师是否真正关心他们的健康。不对来访者进行批判和谴责并不代表认可和赞同。如格雷戈里·贝特森所说，不断强调这其中的区别有时会很费劲，但是对双方都有好处（Gregory Bateson，1981）。

急性创伤

刚发生或几周前才发生的急性创伤，与一个或多个常年无法消化的创伤引起的创伤后应激障碍有本质的区别。

如今，在发生重大的不幸事件（飞机失事、火车事故等）时，除了急救医生，心理咨询师常常也会被派去事故现场参与救治。急救心理咨询师认为，第一时间对受创者进行心灵救助与对其进行身体抢救同样重要。心理急救通常可以避免这些人受到更大的精神伤害，帮助受创者自我疗愈。我认为，凡是能帮助我们的机体释放自我疗愈力量的方法都是可取的。外部的干预过多，不给受创者的机体留足够的时间进行自我疗愈，是不可取的；如果专业的心理咨询师能通过给受创者及其家属分析情况，并让他们镇定下来，会对他们很有帮助。另外，这对普及应对普通创伤的知识也非常有益。应该让受创者和家属知道，机体在应对创伤时有两种方式：一种是"关闭"和"尘封"所发生的事情，另一种是对其进行深刻思索和探究。在应对急性创伤时，心理咨询师会不断交替使用这两种做法（Reddemann & Sachsse, 1997）。受创者一些看似很奇怪的行为，比如冷漠地自我封闭或不断地找人诉说，其实都是其在尝试自救。并且很重要的是，这种方法对很多人是有用的。也就是说，如果受创者自己有足够的时间，可以听任他们自我封闭，也可以听任他们找人倾诉；如果能判断噩梦是消化创伤的必经之路，而不是病态的表现，就不需要让他们通过吃镇定剂来避免做噩梦，因为受创者可能会通过这个过程很好地处理并消化一些可怕的经历。当然，一个充满爱和理解的环境也是大有裨益的，比如受创者身边的每个人都愿意帮助他，但又不会把自己的想法强加于他。

本书中介绍的想象练习对"今日之我"的成熟部分尤其有益。我既推荐想象一个"内在安全之所"的练习，也推荐所有与创伤保持距离的类似训练。还有很多其他的想象会对个别受创者有用，重要的是要检测谁适合什么样的想象练习。让受创者在内心的伤痛和安慰之间做钟摆运动是很重要的策略。此外，还有激活受创者内在资源（Flückiger & Wüsten，2014）、增强抗逆力①（Najavits，2002）以及提升各种技能（Linehan，1996，Bohus & Wolf-Arehult，2012）等其他的心理干预方式。

---

① 指一个人处于困难和挫折等逆境时的心理协调和适应能力，也译作"心理弹性""复原力""挫折承受力""耐挫力"等。

1
建立内心的稳定

造就一片大草原需要

一株红花草和一只蜜蜂，

一株红花草，一只蜜蜂，

还有白日梦。

如果没有蜜蜂，

有白日梦也足够。

——艾米莉·狄金森（Emily Dickinson）

本章将探讨如何帮助受创者意识到自我疗愈的各种可能性，以及怎样运用这些可能性。

对有些受创者，心理咨询师可能很快便会发现可以帮助他们进行自我疗愈的多种方法；但对有些受创者，则需要数月甚至数年的时间才能找到适合的疗愈方法。如何感受到内心的稳定，以更成熟的心态面对生命，是我的所有来访者都深切关注的问题。

根据大部分心理咨询师的经验，童年时期因多次被熟人或亲人严重伤害及忽视而产生复杂型创伤的人，往往需要心理咨询师的帮助才能达到内心稳定、直面过去。也就是说，对复杂型创伤不能一概而论，要针对每个受创者的情况，具体分析、判断怎样疗愈对受创者最有益。

　　根据我的经验，来访者往往很清楚什么对其自身大有裨益，什么会适得其反。如果告诉来访者只有一种方法能帮助他们，在我看来这是没有依据的。因为目前针对严重创伤，尤其是对依附创伤者的研究案例还寥寥无几，所以不能证明只有一种疗法是有益的。心理咨询师应该和来访者一起研究探讨：怎样能帮助来访者更好地生活在当下。对于不少心理咨询师来说，这意味着要看清哪些方法是来访者已有的，并且是对其有益的；哪些是无用的，应舍弃的；哪些是想过上美好生活需要增加的。此外，在建立内心的稳定阶段，疗愈"受伤部分"和"施害部分"两方面工作还包含直面伤痛的部分。

　　"稳定"在这里是指以下两点。

　　一、练习培养强大的自我或克服症状。

　　二、一点儿一点儿地面对精神创伤的原因，但是要确保受创者自己可以控制情绪，并能平静下来。

　　很多在建立内心的稳定阶段发现并采用的方法，对于整个疗愈期都至关重要，在其他阶段还会重复使用。比如受创者自己心中想象的"对精神有帮助的生灵",在各个阶段都是重要的"陪伴者"和"建议者"。练习从内心深处对自己产生同情心在任何阶段都非常有用。

我在这里还想强调一个重要的原则:我们一般会建议受创者在可怕的和有益的想象与画面中寻找平衡。受创者经常会自己主动寻找疗愈方法,心理咨询师要吸收并接纳他们自己寻找的方法。他们努力设想了一个美好的世界,通常这是外部世界,但是,由于外部世界往往并不如他们内心渴望的那样完美,心理咨询师应建议让他们在自己的内心营造一个"内在舞台",通过假想一个绝对美好的世界,从中寻求依靠、力量和安慰。

我还想强调的是,这里讲的并不是一成不变的真理,而是已经被实践证明的有用的构想。兰珀(Lampe)等人在2008年、2015年,格特纳(Gärtner)等人在2015年开展的经验性研究也证实了这点。

1.1 心理咨询关系

大部分心理学学派都承认心理咨询师与来访者的咨询关系构成了心理疗愈的重要基础。我们在工作中应尤其注意避免各种由心理咨询引发的压力。

第一，我建议心理咨询师充分考虑创伤压力，特别是那种已成为一种现象，来访者至少在咨询初期很难改变的压力。比如，我的一个来访者非常不安地对我讲，她的住院医生给她发了消息，说在这个时间段内让她去。若是平常没有受过创伤的人可能只是觉得医生的口气有点儿怪，但并不会为此感到不安。但是对经历过极端暴力的创伤者来讲，这意味着："这是一个命令，命令是灾难的开始。我马上会孤立无援、束手无策……"受创者表现出不安，是典型的压力对身体及心理造成的影响（压力生理学）。如果来访者是第一次出现对压力的反应，心理咨询师可以设法让来访者重新安定下来。这里重要的是让来访者知道我们尊重并理解他们的感受，他们自己是有控制权的。

第二，建议让来访者做疗愈过程的"主控者"，让他们随时把由心理咨询师引起的压力说出来。比如你可以对他们说："如果你感觉我的行为让你产生了压力，一定要讲出来。我自己不清楚，也猜不到哪些事情对你来说是负担。你要相信，创造一个让你感到安全、温暖的环境，对我来说特别重要。"

在咨询初期以及咨询中出现变化时，告知来访者情况并提供充足的信息是可以有效减轻压力的心理干预措施。

不能消化创伤的人最缺乏的是让自己平静下来的能力，或者是一个平静安定的环境。所以在我看来，心理咨询师能否保持镇静，并启发来访者平静下来尤为重要。稍微积极一点儿但又不理想化的正向移情在疗愈中非常可取，建议心理咨询师往这个方向努力。解释来访者的陈述、症状、联想和梦境时，要让对方感觉我们是在邀请他们探索自己。一旦来访者感觉我们的解释让他们尴尬或沮丧，比如他们重新回忆自己做错的事情，又体验到与那时类似的感觉，或者来访者认为心理咨询师比他们自己还了解自己，他们就会感到有压力。荷兰创伤心理咨询师和心理分析师约翰·兰森（Johann Lansen）曾说，我们要忘记自己学过的很多东西。重要的是自然而然，并充满同情心（Reddemann，2016）。

我们在咨询关系中不支持来访者退行的建议常被误解为我们在咨询关系中不作为。恰恰相反！我们只是不认为来访者在咨询过程中应该重新演绎所有的事情，而是认为他们可以和我们建立新的、更健康的咨询关系。我并不认为我的来访者长期沉浸在痛苦的状态中，或者我一直鼓励他们直面悲惨的经历，对他们是有益的。我更倾向于承认已经发生的一切，并且用同情心、耐心、友好和包容支持有助于疗愈的自我调节。

在临床中，经检验下面的方案是非常有效的：心理咨询师和来访者自己的"今日之我"共同关怀来访者受伤的"昨日之我"。其中，"今日之我"应该尽可能地帮助"昨日之我"承担责任；心理咨询师作为有同情心的榜样，应该邀请来访者对他们自己更加友好、富有同情心。

在"内在舞台"上，其实可以发生各种尺度的退行。通过"内在舞台"这个设计，让受创者有一个想象空间来尽情演绎移情关系，让他们通过想象，将内在的真实外部化，从而获得更广泛的掌控权。想象空间也可以是游戏沙盒或是儿童心理咨询师的玩具间。来访者和心理咨询师双方可以不断重新设计这个空间。所以说，我们的咨询工作依然是建立在咨询关系的基础上，只是以另一种方式进行。相关研究已经证实，人想朝着积极的方面发展，有多么需要支点和保障。因此，我觉得咨询关系不应该承载过多的创伤性移情。当然，创伤性移情仍会发生，但是我们不要任其发展，不要让受创者越来越感到孤独和绝望。另外，尽管受创者有时表现得像小孩，或感觉自己还是小孩，但他们毕竟并不是真的束手无策的小朋友。也就是说，心理咨询师应该探寻在来访者身上什么是对他们自己有益的，然后鼓励他们运用这些工具；并在来访者需要心理咨询师帮助时，积极帮助他们。

1.2　建立疗愈联盟

目前医学界普遍推荐心理咨询师在自身与来访者之间建立一个疗愈联盟，甚至认为这一点是非常必要的（Wampold，2010）。心理咨询师应和来访者一起审视要达成什么样的目标；为达到预期目标，有什么样的方法；咨询中哪些方法是特别有效的。因此，我会不断邀请来访者对咨询过程进行复盘：我们完成了什么？还需要完成哪些？哪里对你有帮助、哪里没有帮助？哪里进展得不好？在每次咨询结束前我都会问："今天的咨询哪些部分对你有帮助？你今天学到了什么？"

我们会发现，受过创伤的人经常有很多不同的自我状态，其中有些自我状态甚至是相互对立的。比如，"成年的自我"部分迫切希望得到疗愈，但是"受创的小孩"部分却害怕被疗愈。此外，施害者心力内摄（introjekt）也可能影响来访者，让他们极力反对疗愈。来访者可能知道自己内心有这种激烈的对立，但在咨询初期，他们一般会对此无能为力、不知所措。这里，我觉得可以给来访者的各个自我部分命名，即把每部分当作一个独立的个体来疗愈，这种方法非常有创意（Z. B. Jung，1912；Schwartz，1997；Watkins & Watkins，2003）。在疗愈联盟中，心理咨询师应该邀请来访者在疗愈过程中与各个自我沟通交流，这个过程可能非常花费精力，可能需要源源不断地投入时间。

想象疗法只有在来访者同意的情况下才能有效运用。如果来访者出于一些原因不能用这种方式，他们有权利拒绝。有时候我们需要多解释一下，比如很多来访者说他们必须看到"内在舞台"，没办法只通过想象进行想象练习。这时候我们要提醒来访者只需要想象一些画面即可，这样他们一般都会同意尝试。如果还是不行，可能是施害者心力内摄从中作梗，这时，有必要寻找方法把施害者心力内摄的部分拉回"今日之我"成熟部分的阵营（参见1.12节）。

1.3 欣赏并运用已有资源

接下来，非常重要的是让受创者了解自己拥有哪些资源。

当受创者讲述完他们的故事后，我会先对他们的遭遇和痛苦表示同情，然后询问是什么帮助他们度过了那段痛苦生活。我非常关心所有在过去或当下对受创者产生过帮助的事物，并且会对其报以欣赏的态度，但是受创者自己往往不会重视这些。

我在给受创者提供建议前，会特别注重了解他们自身已有的资源！我也鼓励受创者尽可能地多做对他们有益的事。

因为受过创伤并来寻求我们帮助的人，往往深受自我价值感低的困扰。他们感觉自己一无所长、百无一用。

练习：针对这种情况，可以进行下面的练习。

请列出你会做的所有事情，包括你认为很"正常"的事情，比如读书、写字、算数等。这些并不是理所当然的事情。据联合国教科文组织的调查，2015年世界上还有 7.81 亿成人文盲。我们日常掌握的事情都可以作为资源为我所用。

然后，请在你能轻松完成的那些事情下面画横线。

现在，请带着下面这个问题再审视自己面对的困难：在你列出的能力中，是否有一项或几项对你解决困难有帮助？

很多人在做了这个练习后都感到非常意外，他们以为只有某些特殊技能才能帮助自己，却发现自己拥有的这些平常的资源确实可以反复地帮助自己。比如，有个来访者说她很喜欢跳舞，很想把问题、感受和体验通过自己的肢体语言表达出来。后来她告诉我，跳舞对她帮助特别大。这个练习做得越多，列出的资源清单就越长。

练习：资源箱子

接下来，请写出自己状态不好时，哪些事物曾经对你有帮助。

然后请重新排列清单，将对你最有帮助的事物排在最前面。另外，不要罗列有破坏性的事情，比如自我伤害。如果下面列出的几点对你有益，请具体描述出来并补充到自己的资源清单中。

□ 让人幸福的画面，比如脑海中浮现喜欢的人

□ 让人愉悦的香味

□ 让人放松的音乐

□ 让人开心的运动（比如慢跑、跳舞等）

□ 柔软的，让人摸上去感觉很舒适的东西

□ 能引起积极想象的信息，比如手机上的文字
或音频

□ 有启发的文字，比如格言、小故事

请你把所有对自己有帮助的事物都列入"资源清单"，并把这份清单放在房间醒目的地方。最好准备一个"资源箱子"，把所有对你有帮助的物品都放进去。

不要忘记那些即使在凌晨3点你也可以联系的人，把他们的电话号码写在你的资源清单上，但是不一定要列在第一行。

一般来说，如果受创者经常使用资源箱子里的物品，会感觉好很多，也不容易陷入危机。如果受创者不去做对自己的健康有益、让自己舒适幸福的事情，往往会感觉很糟糕甚至出现危机。

最后介绍史蒂夫·德·沙泽尔（Steve de Shazer，2000）的一个心理干预方法：让来访者留意一周内发生的所有事情，把其中他们愿意再次发生的事情记录下来，进行分析与评估，让来访者多做那些与快乐相关的事情，并放弃做其他事情。

这个也是关于专注已有资源的练习。我们经常会发现：解决方法是现成的，只是我们的眼睛因太专注于问题看不到方法。

1.4 找到可怕画面的平衡画面

有个来访者告诉我，她感觉自己好像在一个黑洞中。其实很多人都这样说过，只是大部分人说过之后会有新的想法飘过，·之前那些突如其来的让人不适的语言、图像、想法和感受也就随之消失；但有些人却怎么也消除不了这种思想，它像生了根一样，不断张牙舞爪地长久折磨他们，让他们觉得自己在这种不安的想法和感受中无能为力。"我真的完全没办法对抗这些想法"。

我们确实没办法阻止想法出现。没有人知道它的源头在哪，又流向何方。但是，有一些方法可以抵制或"驱赶"这些让人不适的想法。其中一个方法是有意识地想其他事情。我会建议来访者主动对可怕画面寻找一个平衡画面或对立想法。具体可以是各种场景：云卷云舒的蔚蓝天空，瑞光万丈的一道白光，或积玉堆琼的万仞雪山……重要的是要找出让自己心中感到和谐的画面，想象时，自己心中会充满积极的情绪。我们建议可以在两种画面之间来回切换，没有必要一味压抑不安的画面。如果有平衡画面，受创者就有选择，可以和消极画面共处，也可以和平衡画面共处；也可以考虑让平衡画面在脑中停留更久；还可以觉察两种画面对自己的身体是否有不同的影响。大部分人会发现，当头脑中出现不同画面时，身体的反应是不一样的。

我们的来访者会说："不错，我也可以做些什么来对抗那些不好的画面。"

对于有过极端无助经历的人来说，"可以做些什么"而不是陷入无能为力的状态是非常重要的体验。如果他们在经受创伤之后，发现面对自己时还是感到一样的无助，其精神负担会更加沉重；如果他们开始尝试用自己的思想平衡可怕的画面，可能会觉得如释重负。

这个练习十分简单，并且很有效，无论何时何地都可以操作。重要的是，在做这个练习时不要压抑任何思想，而要在内心创造另外一个选择机会。

内在有不同的选择机会，这种观念对心理疗愈会起到重要作用。

虽然我们或许无法过多改变外在世界，但我们却有机会改变自己的内在世界。我们在咨询过程中应经常有意识地利用这一点。这是为了让受创者不至于在自我面前一直觉得自己无能为力。

如果受创者没办法应对和处理一个（大多数受创者甚至有多个）创伤，他的内心会是一个充满恐怖的世界。与创伤经历相关的记忆、思想、画面和感觉仿佛牢牢占据了他的内心世界，挥之不去。过去的创伤本身就痛苦不堪，尽管他最不想回忆起过去，但如果患上创伤后应激障碍，他还会出现严重的触景生情反应，感觉创伤性事件仿佛再次发生。如果在心理咨询初期就让受创者直面创伤，那么你会发现，这个过程本来是尝试克服心魔，却让生活蒙上一层沉重的阴影。

我们建议让受创者在内心慢慢建立一个恐怖世界的对立世界。其实很多人都有这样的内在世界。有些人说："我小时候会幻想一处世外桃源，我在那里非常安全，还有一个善良的仙女总在我伤心时出现。但是 13 岁那年我和好朋友说了这件事，她竟然嘲笑我这么爱幻想，说我绝对是疯了。我当时也觉得她说得有道理，所以就不再去遐想这些虚无缥缈的事情了。"

还有些人踌躇了很久对我说，他们内心确实有这样可以安慰自己的世界，并且对他们影响非常大，让他们有勇气生活下去。但是他们没想到在心理咨询中会谈到这些，更没想到心理咨询师会鼓励他们继续想象这样的画面。

当然，也有来访者说自己完全想象不出来这样的画面。他们的生活里充满了担惊受怕，全无美好，没办法想象赏心乐事。这个时候我会问他："如果你有那么一瞬间可以想开心事，你会想什么样的事？"极少有人对未来完全没有期待、一点儿也想不到希冀的美好之处。我们也可以让来访者问自己这样的问题："如果童话世界里的仙女真的存在，我有什么愿望？美好又安逸的地方会是什么样的？"很多人可以用这种方式进入想象的世界。也有些人只有想到其他人才能回答我的问题，比如想象自己的小孩或自己喜欢的人会在仙女面前许什么样的愿。我觉得来寻求心理疗愈的人至少都是抱有一点儿希望的，否则他们就不会来了。而这点希望恰恰是我们疗愈受创者的突破口。在我看来，有些受创者确实经历过很多痛苦，大部分时间都感到难过、烦闷。甚至对受创者来说，最难的是创伤后遗症还会伴随他们很久。尽管如此，大部分受创者并不是长期郁闷不乐、消沉绝望的，因此可以让他们把过去和当下区分开。比如我们可以问："一周有 7 天，一天有 24 小时，每小时有 60 分钟，也就是每周有 $7 \times 24 \times 60$ 分

钟 =10080 分钟。在这 10080 分钟里，你觉得有多少分钟你
感觉自己稍微好了一点儿？"根据我的经验，还没有人说过自
己没有 1 秒钟是稍微好过一点儿的。

有的心理咨询师非常关切来访者的问题和痛苦，只和受
创者探讨他们可怕的经历。几次咨询之后，双方都觉得好像
受创者的生活中只有不幸和问题。我认为，心理咨询师不仅
要和受创者谈不幸、痛苦和无意义的时光，也要探寻快乐、
幸福和有意义的时刻。

苏黎世大学心理学教授、心理学家维蕾娜·卡斯特
（Verena Kast）强调，心理咨询师要有敏锐的目光，仔细审
视受创者的生活中是否存在快乐、灵感和希望。她还建议受
创者写快乐记录，我也特别赞同这个想法。如果心理咨询师
先练习写快乐记录，也能在疗愈中更好地帮助受创者。受创
者通过做这个练习，可能会把注意力转移到生活中令人愉悦
的事情上。

快乐记录大部分都在记录创伤之前的事情，当然，受创
者在创伤之后或几次创伤之间也可能有愉快的时刻。我们也
这样启发受创者："所有大人都曾是小孩，希望你重新发现小
时候的自己。小时候哪些情境会让你开心？例如墙上斑驳的

光影、阳光下飞扬的灰尘、雨天的层层涟漪，还有在水坑中的蹦蹦跳跳。"小孩在表达快乐或其他感情时，常常会用身体语言呈现。"你能回忆自己在荡秋千、跳绳或踢球时的感受吗？你还能想起那些对你很好、帮过你的人吗？如果你是集体性创伤的受害者，有善待你、帮助你的家庭成员吗？如果你是家庭创伤的受害人，家庭之外有关心你的人吗？"

"人不太可能一直被负面情绪萦绕，再不幸的人应该也有快乐的时光。请回忆开心、幸福和安全的感受，让这些感受在身体中游走穿梭，仿佛每一个细胞都被填得满满的。只要你有一次与快乐的情绪对接上，便很容易再回忆起更多类似的时刻。即使与其他人相比，你的幸福时刻少之又少，也要尝试不要一直沉浸于生活的伤痛。把精力全部放在创伤上，只和痛苦纠缠，并不能使你痊愈；疗愈的力量来自你的正面情绪。心晴的时候，雨也是晴；心雨的时候，晴也是雨。"

我们并不是推荐"积极心态"。"积极心态"是一种谎言。生活并不全是"积极的"，但是至少偶尔是"积极的"。

这里说的是现实思维。生活中黑暗和光明兼备，即使受创者认为自己之前的生活主要是磨难和痛苦，应该也会有一些感觉好一点儿的时候。我们建议填满"幸福的托盘"，把它作为对抗天平另一端"不幸的托盘"的平衡力量。这个过程需要时间、耐心和同情心，虽然乍一看很难，但并非遥不可及，而是近在眼前的，因为此时此刻的你就可以在内心创造另一个世界。过去的伤痛既无法挽回，也无法消除，但是受创者能在头脑中想象一个与可怕画面对立的美好画面。如果受创者做好了"建立内心的稳定"工作，会更容易回顾往事之殇；如果他们完全意识不到生命中的美好，将很难面对人世中的苦难。

1.5 练习自我觉察

自我觉察能力是现代社会的稀缺品，我们从小更多学会的反倒是"不觉察"。爱丽丝·米勒称之为我们"不应该觉察"。其他人仿佛比我们自己还清楚我们什么时候饿了，什么时候应该感觉累，什么时候应该掌握什么技能。我们需要重新培养自我觉察能力。下面虽然是一个小练习，但是我建议大家把它融入生活的每时每刻。

> **练习：自我觉察**
>
> 请有意识地自我觉察，比如吃饭时启动身体的所有感官：视觉、听觉、味觉、触觉、嗅觉，认真感受

你正在品尝的每一口食物，感受每一样食材与舌头、牙齿和口腔的接触，以及食材顺着咽喉滑入腹中的过程。麻省理工学院分子生物学博士、马萨诸塞大学医学院的荣誉医学博士乔·卡巴-金（Jon Kabat-Zinn）建议来访者用吃3颗葡萄干来做这个练习。这是一个非常简单却让人印象深刻的练习。你也可以集中所有注意力整理洗碗机，把每个碗盘作为你的练习对象；或者全神专注于早晨的准备事务。你的想象没有边界，你可以将注意力集中于任何可选择的注意对象。

做这个练习首先需要专注当下。当我们专注当下时，便容易不忧过去、不惧未来。我们可以专注于此刻的独一无二，有意识地觉察自己，进而觉察其他人。现在，我在写下这些文字的这一刻，春光明媚，我就在感觉这一天我是多么幸福！

我在练习中所写的语言，正是平时我分享给来访者的话。我们也要提醒他们，在开始练习时，只做自己感觉安全的练习。

上述练习能让你提升自己的专注力。不必苛求自己在练

习中每分每秒都全神贯注，因为很少有人能做到这一点。将
注意力集中在特定事物上，能让人镇定和放松。这是一种柔
和的方式，它让身体自己决定放松的程度，而不是被人命令：
现在放松，必须放松！

当我们将注意力放在自己身体上时，身体也会感谢我们。
这种对身体有意识的觉察会带来积极的效果。身体会感觉到
我们终于开始关注它了。可惜，大部分人对自家车的关注和
护理程度远远超过自己的身体。关注身体的练习，尤其是在
练习的开始和结束之际，有意识地感受身体的边界，感受身
体和地面的接触，可以增强我们对当下的觉察。慢慢地，你
可以将练习扩展，不仅对身体进行无评断地觉察，而且要带
着温柔、友好、坦诚和耐心去感受。再之后，你可以抱着同
情心把伤痛部分也加进来。但是进行这些扩展练习要注意循
序渐进！

如果你连续几周都坚持上述练习，就会注意到自己的一
些变化，也能更清醒自觉地静观自己。

1.6 认识内在观察者

所有觉察都需要运用观察的能力。在这里，我们可以更

有意识地利用这个能力，它好像一种分身术，可以在很多情况下使用，并且行之有效。我建议受创者在建立内心的稳定阶段做下面这个练习，使他们与"自己"分离，这个练习在直面创伤阶段仍会起到重要作用，它非常长，你可以只选取其中的几个部分来实践。能够以旁观者的身份觉察自己对疗愈也很有帮助。下面介绍这个练习。

练习：认识内在观察者

你要意识到，若没有觉察能力，你就不能觉察自己的身体与地面的接触，不能觉察自己的呼吸。练习期间，还请你不断体会这些感受：我能觉察自己的身体，我不只是我的身体……还请你内观这种觉察能力对自己有什么影响，你在感受的同时在想什么；觉察你的思想，有时候当开始有意识地觉察思想时，头脑中反而一片空白，但是过一段时间思绪又会飘过来；你也可以整理自己的思想，看看出现的所思所想关于此刻、过去还是未来，通过不断觉察，你会更清楚自己最经常想什么。这个练习是关于意识觉察能力的，你在觉察自己的思想时，还请明白一点：我可以觉察

自己的思想，我不只是我的思想。现在请觉察你目前
的心情，它是否有变化，并认识到一点：我可以觉察
自己的心情，我不只是我的心情。然后花一点儿时间
觉察你的感情现在是什么样的，并意识到：我可以觉
察自己的感情，我不只是我的感情。最后意识到一点：
我可以觉察自己在觉察。"觉察自己在觉察"的这部分
可以被称作"内在观察者"，它不进行带有评判的感
受、觉察。当你感觉混乱时，如果愿意，可以用这种
能力让自己退回内在观察者的立场，这样你就可以让
不同的"自我"部分之间保持一定的距离。最后，把
注意力拉回自己所在的房间。

后面还会更具体地讲这种抽离，现在重要的是你可以意
识到自己具备自我观察的能力。

1.7 找到可怕画面的平衡力量

生活中既有卑鄙龌龊，也有赏心悦目；既有重于泰山，
也有轻如鸿毛；既有浮云蔽日，也有彩云霁月。我们在专注

时更容易仔细感受这一切。因为不能消化创伤的人容易饱受种种可怕画面的折磨，所以我特意寻找了能平衡这些画面的练习。我参加过很多由心理咨询师举办的研讨会和讲习班，了解并亲身体验了各种想象练习，我还专门研究过这些练习对患有 PTSD 的人的适用性。我在研究中发现，重要的是受创者要感觉到他们自己可以掌控自己，这和他们在练习中是否非常放松并没有关系。几乎所有用"想象疗愈法"的心理咨询师都会先对受创者做一个放松指导，这个我们之前也做过。但是后来我发现这给受创者带来的体验并不好，他们会害怕，不知道周围还会发生什么。其实受创者是可以自己进行调整的，但他们需要在觉察自己的同时觉察外界，也就是训练双向的注意力。在此我们推荐受创者进行前文描述的让人集中注意力的"自我觉察"练习。通过集中注意力，受创者自己便不会总去关注那些反复出现、萦绕在大脑中的烦心事，身体也可以得到放松。他们也可以像讲故事那样开始做后文中的几个练习，不内观感受，停留在思想层面。另外，因为人在讲故事时头脑中会浮现画面，所以受创者讲故事也有这样的效果。

包括我自己在内的诸多心理咨询师都在咨询工作中采用

了想象练习法，实践证明这种方法是有效的。很多受创者都喜欢做这些练习，而且对此有非常好的反馈。但是，并不是说每个人都可以接受全部练习。

心理咨询师最好自己先熟悉所有练习，比如把所有练习细读一遍，然后选择合适的自己先练习，如果发现有的练习做起来格外陶情适性，可以定期尝试一段时间，再推荐给来访者。

有些来访者想在我们的帮助下，重新审视自己的创伤经历，我特别推荐"内在安全之所"（也称"内在安全岛"）和"精神协助者"这两个练习。尤其是"精神协助者"，它可以帮助来访者面对不堪回首的往事，并给予来访者安慰、建议，让他们内心安定。"内在安全之所"是自我心灵的滋养地，"今日之我"的成熟部分可以在需要的时候进去补充心理能量，"过去之我"部分则可以在其中长期感受到平静和安全。

我们每个人在说话时，头脑中或多或少都有语言画面。有些人的语言画面感非常强，有些人的语言画面则比较抽象。我们可以仔细感受这些语言画面，在咨询中将来访者想象的语言延伸为有疗愈效果的画面和想象。或者让来访者回想曾让自己感觉幸福的场景，发挥想象力，将在不同时间、不同场合经历的快乐综合为一个"内在安全之所",它正如梦境一样,画面、时间和地点是互相交织的。

"精神协助者"练习也是一样,来访者可以将好几个自己喜欢或欣赏的人组合成一个"精神协助者"。有人认为这种刻意遐想的画面并不是来自潜意识,我觉得潜意识和意识是相辅相成、互相学习的,安慰的画面究竟来自哪里并不重要,只要我们有这些画面就可以了。

你可以留意一下,当下次用形象的语言表达一个沉重的画面,比如"好像千斤的石头压在心里"时,找一个平衡画面,比如想象一个身轻如燕的小孩在轻盈地跳跃。然后,你可以在两个画面之间切换。通过"轻盈跳跃的小孩"这个画面,你可能很容易联想到其他带给你喜悦的画面。你可以先尝试,之后慢慢延伸,让头脑中出现一系列画面。这样你能逐渐意识到很多让人舒服的画面。

如果你喜欢做想象练习,它会成为你非常好的陪伴者。我在下文中会介绍并描述这些能应用在实践中的练习。

我还想再强调一遍,最重要的是发现受创者自己拥有的资源,包括内在的画面和想象!

我前面已经推荐过"自我觉察"练习,它可以让身体自由放松，而不是自我意识命令身体"要放松，放松"。所以，此类练习对受过创伤的人来说尤其合适。就这点而言，这个练习就像是放松的导入环节，所以我更倾向于称之为想象练习前的觉察练习。正如我之前所讲，该练习也可以单独使用。每当我们感到紧张或不安时，可以通过这个练习把注意力转移到呼吸以及身体在呼吸时的动作上。

感知身体的界限和身体接触也是非常重要的一点。因为很多受创者身体不太"正常"，这种状态也被称为解离（在记忆、自我意识或认知功能上的崩解）。所以我非常建议做简单的感知身体界限的练习。

感知身体界限的练习非常简单。"简单"也是我们的一个原则。

一般来说，越简单，操作率就越高。但对有些人来说，却是越简单的东西，他们越难以执行，因为这和他们的理智不一致。我的来访者经常说，"不可能这么简单"。这种时候我都会回答："是的，就这么简单，但是因为不合常理，所以也有难度。"所有不合常理的东西通常都让人害怕。我们可以稍微"欺骗"一下理智，建议理智至少尝试一下，有了经验之后，看是否有效再做决定。理智的批判性绝对是非常重要的，经常起到保护作用，所有没必要跳过它，但是我们可以让它保持安静。有时我们也要感谢自己的理智，感谢它常年的忠实可靠，为我们做了这么多。

如果我们将"自我觉察"练习当作导入练习，应该在每次想象练习结束时重复"自我觉察"练习，这样可以帮助我们重回此时此刻。

我已经讲过，我们可以把想象练习当作讲故事。如果效果不佳，可能是还没有达到能联想画面的阶段，可以先尝试基础训练，比如简单的身体练习，让受创者的思维有意识地进入场景。

我再强调一遍，最重要的是挖掘受创者身上的已有资源，包括他们内心的画面和想象！

奥地利心理咨询师雷娜特·布科夫斯基（Renate Bukovski）最近给我推荐了维克多·弗兰克尔[①]（Viktor Frankl）的一段话：

[①] 维克多·弗兰克尔（1905年3月26日—1997年9月2日），奥地利神经学家、精神病学家。创立意义疗法与存在主义分析（Logotherapie und Existenzanalyse），被称为继弗洛伊德的心理分析、阿德勒的个体心理学之后的维也纳第三心理疗愈学派，著有《生命的探问》（Über den Sinn des Lebens）一书，由人民邮电出版社出版。

"我建议受创者全身心投入平静沉着与怡然自得的感觉……为了加深这种感受，我建议充分调动想象力。经证明，下面的例子是很有帮助的想象：在波涛汹涌的海面上，翻滚澎湃的波浪逐渐变小，内心在静观一望无垠、水平如镜的海平面时，有最强的镇定效果，最终到达精神放松。但我还是建议给来访者空间，让他们选择自己最喜欢的想象画面，鼓励他们在想象中放飞思绪。我的一个来访者想象自己身处夏日的花海中，芳草青青，繁英吐芳，碧天如水，白云悠悠。她的这些想象也是非常有效的。"

在 2000 年写这本书初稿的时候，我只是常听人说起弗兰克尔，后来才知道他和自己的学生以及意义疗法的承继者帮助来访者在生活中领悟自己生命的意义和价值，在疗愈创伤方面具有很强的影响力。很可惜这个学派在德国并不受重视。

1.7.1　内在安全之所

"内在安全之所"这一练习在英文中被叫作"Safe Place"[①]。

---

① 德文"Der innere Ort der Geborgenheit"，其中"Geborgenheit"除了"安全"这个含义，还包含"温暖的保护和庇护"之意。

练习：内在安全之所

请回想一个或几个你感到非常安全、温暖的时刻。如果你的记忆中从来不曾有这样的时刻，请想象一下被保护的温馨感觉。你也可以想象人类或一些动物的母亲对婴儿或幼崽的关爱。打开思维，想象得越详细越好，对你来说，那种被保护的安全感是什么体验……

将这种体验和感觉延伸，想象一个地方，这个地方能满足你对安全感和舒适感的所有要求。它可以在人间，也可以在超脱尘世的世外桃源……尽情展开你的想象画面，让这个绝对安全的地方在头脑中活跃。现在给这个地方设立边界，由你来决定什么生物应该在这个地方，允许什么生物出现在你的地方。当然，你现在就可以邀请它们过来。如果可能，我建议最好不要邀请人类，但是体贴、可爱并且支持你、爱你的陪伴者或帮助者是很受欢迎的。请环顾四周，看看这个地方是不是一切都让你感到愉快。首先看一下你目光所及之处，是不是所有事物都让你感到舒适？如果有不合你意之处，试着改变它……然后用耳朵听，是不是所有的声音都让你感到舒适？如果不是，试着把它们换成让自己喜欢的东西……那里的温度舒适吗？如果不舒服，试着改变它……你是否无论怎么行动，身体都是舒服的？你可以随意做让你感到舒适的任何动作吗？如果还缺少什么，可以改变它，直到你喜欢为止……你闻到的气味是舒适的吗？你同样可以把气味变换成自己喜欢的……如果你感觉这个属于你的地方让你非常安全和惬意，就请设计一个特殊的身体姿势或动作，以后只要你摆出这个姿势或做这个动作，它就能让你在想象中迅速回到那个地方。如果你愿意，你现在就可以摆这个姿势或做这个动作……在这个练习结束之前，请专注于感觉你身体的界限及身体与地面的接触。最后，把注意力拉回自己所在的房间。

请你注意一下自己做完这个练习有什么感觉。有没有在各方面都感觉更轻松、更舒适？如果你的答案是肯定的，那么你可以在一段时间内定期做这个练习，让它融入你的血液，以便当你再次感到紧张或不安时，可以随时运用。之后你会发现，在这个练习的帮助下，你将成为驾驭困境的高手，可以迅速安定下来，给自己的心灵充电。只有把这个练习内化之后，才能在感到紧张的情况下熟练运用它；如果只是偶尔练习，可能在某些时候会有帮助，但在危急时刻不会立竿见影地产生效果。

在咨询初期，即建立内心的稳定阶段，这些练习并不是用来做深层精神分析的。在直面创伤阶段之后，你可以深究这些画面背后的意义，但在咨询初期，受创者在困境时内心只要有美好的画面就可以了。接下来，我要介绍的练习是"精神协助者"。这个练习也非常重要，同样可以单独使用。

1.7.2　精神协助者

找到内在安全之所后，受创者可以"邀请"对自己的精神有帮助的生灵光临。我们的经验是，很多人感觉独自一人在安全之所并不理想，很自然地想要有陪伴者。如果"陪伴者"是位可爱而亲切的智者，能不离不弃地给受创者提供支持，并且能提出好建议，会对疗愈有很大的帮助。另外，有些受创者属于冷静理智、客观实际的类型，如果他们不太能接受想象有帮助的生灵，心理咨询师也可以建议他们找一个"陪伴"自己的内心顾问或导师。我还从山姆·福斯特（Sam Foster）那里学到了可以想象内在的"啦啦队队长"，这对很多受创者也大有裨益。

至于那些不愿意或想象不出内在安全之所的人，若他们能找到自己的精神协助者，也会得到疗愈。

当受创者孤独或无助时，可以让他想象有帮助的生灵和他在心灵上对接。这个练习在直面创伤的阶段至关重要，精神协助者可以支持并安慰受创者。

1.7.3　内在团队

内在团队成员是更接近自我的支持者和帮助者。他们由"过去之我"和"未来之我"组成，可以给今日之我建议。如果我们不和自己的"内在团队"建立联系，那么生命之船也有沉没的风险。心理学家及沟通学专家舒尔茨·冯·图恩（Schulz von Thun）出版了关于内在团队的书（1999）。虽然书中所说的团队成员是另一种形象，但是其在本质上和我们介绍的内容类似。下面是相应练习。

练习：内在团队

请想象一个类似会议室的空间，一个让你身处其中觉得舒适、安心的房间。里面有一张圆形的桌子……"过去的你"和"未来的你"现在都可以进来围桌而坐。

你可以一齐把他们都邀请过来，或者让他们一个一个进来：首先，邀请10年前的你……然后邀请十几岁的少年的你……之后邀请2~4岁时的你坐到桌旁……你还可以继续想象，邀请受孕前的你……邀请未来年迈的你……有可能一张桌子围坐不下所有人，但是没有关系。你可以向"内在团队"提一个问题，比如一个让你百思不得其解的问题。你可以让"成员们"畅所欲言、各抒己见……每个"成员"都有机会就这个问题直抒胸臆……重要的是让每个"成员"都畅谈想法，允许他们在这个问题上观点大相径庭……会议接近尾声，你感谢自己的内在团队……把注意力拉回自己所在的房间。

很多人倾向于和未来更加智慧的自己对话，这种方式也是很有帮助的。我觉得未来的自己代表我们的内在智慧。大部分人把智慧和年龄关联，觉得年龄增长会带来智慧。

现在，你了解了内在舞台上出现的重要人物，接着你还可以按照自己的意愿、有更多的天马行空的想法，因为每个人都是自己内在舞台的编剧、导演、演员兼观众。我们会在第 2 章认识更多的内在形象。

其实"精神协助者"和"内在团队"都代表了一种内在智慧。有些人更愿意直接和内在智慧沟通。受创者当然可以按照自己喜欢的方式进行想象，是否赋予内在智慧具体的形象并不重要。

这些练习只能起到推动作用。如果受创者已经有自己喜欢的方式，并且对其自己有益，那就应该继续保持。

1.7.4 大树冥想

很多人都觉得"大树冥想"这个练习非常有帮助。我们既可以把自己想象成树，感受树是如何汲取养分的，也可以思考被土地和阳光滋养意味着什么。其实我们也深受土地和阳光的恩泽，只是没有树那么明显。这个练习还能让我们熟悉"万物充盈"这种思想。特别是在今天这个时代，人们向土地、空气和水中排放有害物质，给环境造成沉重的负担，甚至破坏环境。有些悲观绝望的人很难设想土地和空气还能滋养我们。尽管存在这些障碍，但如果你还能想象土地和阳光给人类提供养分，这个练习就可以帮你明白，我们需要的物质还在。大自然生养万物，我们不需要为拥有阳光和空气等付出努力，它们就在那里。这个练习的提出要感谢英国的心理咨询师菲莉丝·克丽丝特尔（Phyllis Krystal，1989），我在其研究成果的基础上做了些调整。

练习：大树冥想

现在，我邀请你做大树冥想的练习。请先想象一片风景。你置身其中时，感到非常舒适放松，流连忘返。这片风景可以是虚构出来的世外桃源，不一定是现实存在的。想象在这片美景中有一棵你特别想靠近的树，你在想象中走近它、触摸它、凝视它，感受它的树干和它散发的气息，然后观察它树干的分支、它的树叶，感受它的一切，与它建立联系……你可以想象自己背靠着它，真切感受它的纹理和温度……想象有树根和吸收阳光的树叶意味着什么……然后思考你

准备用什么滋养自己，是食物养分、情感养分还是精
神养分？请详细描述出来……如果你愿意，可以计划
经常回到"大树"旁，通过它的帮助得到你想要的养
分。你也可以答应它你会再回来的。和你的树告别，
感谢它提供的支持……把注意力拉回自己所在的房间。

有一些人要先把自己背负的"重担"放下，才能给心灵
"充电"。所以我在这里想介绍一个"减负"练习。这个练习是
我和菲莉丝·克劳斯（Phyllis Klaus）交流时学到的，我们把
这个练习称作"放下行李"。

1.7.5 放下行李

练习：放下行李

想象你在一次长途旅行中带着很多行李……跋山
涉水之后，你到达一处高原，此处虽然地势平坦，但
是海拔很高。前面还有一段路要走，但路很平坦，不
需要再攀登，你可以稍微喘口气休息一下……你看到

远处有亮光，被它吸引，于是朝那个方向走去……你到达一个广场，这里有温暖明亮的阳光。你好像看到一个像是寺庙的建筑，也可以是树或山洞……你感觉自己想在此停留，想把行李放下来。你把行李放在广场边……你环顾四周，看看有没有可以坐下来休息的地方。你找到了合适的地方。明亮的光线让你全身都觉得温暖，你感觉心旷神怡、舒服极了……突然，你注意到有一个友好、发着光的生灵朝你走来。他友好地对你微笑，并递给你一个礼物……你收到的可能是一个能帮你解决眼下问题的礼物……也可能是一个有象征意义的礼物，你目前还完全不明白……如果你愿意，感谢他送给你礼物……过了一会儿，你决定走到行李那边，带着行李离开广场。你随时可以回到这个地方。你走到行李旁，考虑下一段路程要带哪些东西，哪些是你需要的。可能有些东西你已根本不再需要。或者你还想带上所有的行李上路……带上你觉得现在有用的行李继续你的旅行……把注意力收回到你所在的房间。

做这个练习时，我们经常发现很多人尽管觉得行李是一种负担，可还是不能放下。但是至少我们有时候可以给自己一个短暂的休息时间。

下面这个练习也很适合用来减负。

1.7.6 保险柜练习

这个练习可以让我们把令自己惶惶不安的负担暂时收起来。因为我们知道未来自己在某个时间还会想重新审视负担，所以暂时把它放进"保险柜"存起来。那里非常安全，我们想放多久就放多久，并且随时可以把它取出来。我们想象有一个保险柜，可以把我们一些画面、片段等所有令人不安的记忆寄存起来。之后如有需要，比如在直面创伤的阶段，可以再把它取出来。有时候没办法将负担存储太久，就要重复这个练习。只要你知道能寄存一段时间就已经很好了。我们要鼓励受创者不放弃，坚持重复这个练习，让他们知道自己不是束手无策，是可以做些什么的。我的一些来访者说一个"保险柜"不够，当然他们可以按照需求，随心所欲地想象"保险柜"的数量。

这个练习我用得很少，因为我觉得"照顾受伤的自我部分"更有效果。之后会讲到这个部分。

1.7.7　内心花园

如果受创者感觉当下困难重重、心力交瘁，"设想一下未来"可能会对他有帮助。有一个方法是寻找可以构造未来的象征物，比如"内心花园"。这个练习经过实践证明有很好的效果，其优点是直接提供了一个解决方案，告诉我们应该怎么处理自己不想要的东西。从这个意义上说，如果"保险柜"练习的效果不尽如人意，我们可以用"内心花园"练习代替。具体而言，上述解决方案是这样的，如果花园里出现了我们不想要的东西，我们可以将其"变成"有机肥料来改良土壤、培肥地力。我觉得这是非常好的想法。心理咨询师利茨·洛伦茨-瓦拉赫尔（Liz Lorenz-Wallacher）也给她的来访者做过类似的练习。重要的是，我们要知道想象如同变魔术，当我们幻想一棵大树时，大树就已经出现在脑海中，我们不需要花好几年的时间等它从小树苗一点儿一点儿长大。在想象的世界中，一切皆是如此，当你想象时，图像已成为内在现实！

下面是内心花园的练习。

练习：内心花园

想象有一处从未被践踏、从未被耕耘过的土地。它可以小如顶针，也可以大如公园，全凭你的想象……现在开始在你的土地上耕耘、种植……你可以按照自己的喜好打造花园。你想要的植物马上就会出现，你的想象力是有魔力的……如果你之后想重新布置，可以随时将其变成有机肥。肥料都存放在花园一角，你可以把所有不想要的东西都放在那里，它们可以变成有用的土壤。你随时随地都可以做出改变……如果你愿意，可以在花园里加入一个池塘，一口井或一条小溪……你也可以安放一个座椅……可能你还想在花园中养动物……你坐在花园中，闲看云卷云舒，静看花开花谢，真是悠然自得……你可以考虑是否邀请谁来参观你的花园……你可以随时回来，可以随时按照自己的喜好改变花园……

集中注意力回到自己所在的房间。

有人认为这个花园实际上就是内在安全之所，这也无可厚非。但是也有不少人觉得二者有很大区别。每个人都应该找到更适合自己的练习，因为练习本身就是在受创者感觉舒适时，才能发挥其最大功效。

1.7.8　幸福练习

有些受创者很喜欢这个练习，但是也有些受创者觉得练习太难，总之，受创者的反应呈两极化。"幸福练习"是由沟通管理教练克劳斯·格罗霍维亚克（Klaus Grochowiak，1996）提出的。更详细的内容请参见他的书《幸福与忧愁：学会承载比想象还要多的幸福》[1]。正如格罗霍维亚克在书名中所暗含的，获得幸福并不容易。很多人觉得幸福就是感受到愉悦和开心，如果外界环境还没有达到所愿，我们是不会有幸福感的。我觉得当然可以这样想，但问题是这种想法是否对你有益。我经常这样问我的来访者："这对你有好处吗？"

我们的思想可以自由驰骋，但是有些想法让人欢喜，有些想法让人忧愁。有人觉得"幸福由天不由我"，有人认为自己的幸福要靠自己创造，这两类人的状态肯定不同。格罗霍

---

[1] 原书名为德文：*Vom Glück und anderen Sorgen. Wie man lernen kann, mehr Glück zu ertragen, als man denke*。

维亚克说，幸福和个人状态无关，而与我们的幸福能力有关。状态是间歇性的，保持长长久久的幸福是一种能力。每个人都有这种能力。我们可以把精力集中于自己的幸福力，而不是守株待兔，等外界让我们幸福。这个练习有好几部分，你也可以选取某个部分单独来做。

练习：幸福练习

请你回忆一个自己感到幸福的场景。调动记忆中所有的细节重温当时的情境。可能你觉得自己此刻的感受没有当时那么强烈，但是你能感受到那种氛围就好……接下来，如果你愿意并觉得舒服，尝试将这种幸福的感觉延伸到幸福时刻之前和之后……你现在遇到了自己的幸福……将你的一生想象为一条线，从在母亲体内孕育开始，在未来某处消失。观察这条线上幸福的发光点，可能你看到的点很少，也可能如繁星一般满眼都是；可能只有一小段上有幸福的点，也可能整条线上都有。你要知道，你现在不用管过去的生活是什么样，往事不可追，但是你心中的画面是可以改变的；来日犹可期，你可以在未来创造很多发光点，

> 未来是靠你从现在开始创造的。你现在也可以感受一下这种能创造未来的快乐……能感到幸福，本身就是一种幸福和能力。你可以把自己的幸福和一种颜色联系起来。现在你可以找一样东西，它拥有你想象中幸福的颜色，以后看到这个东西，你便会想到这个练习和自己的幸福能力。你可以下定决心要经常想起这种能力……
>
> 集中注意力回到自己所在的房间。

对很多人来说，这个练习最难的地方是面对已失去的幸福。不少人觉得做这个练习会让人伤感，而很重要的是我们要先接受这种哀伤，之后再考虑其实没有人能夺走你享受幸福的能力。如果受创者刚刚痛失幸福，这个练习确实不合时宜，这种情况下"大树冥想"的练习会对他更有益，想象土地和阳光给予的慰藉和滋养，或者和精神协助者对接，给处于痛苦状态的他一些陪伴。

我们有多少次和自己斗争，我们真的爱自己吗？我们常常是在拒绝自己。下面这个练习或许能够帮助我们和自己和平相处。

我建议受创者做几天以下记录：当承认、赞美自己的时候，在记录表左侧画一条横线；当抱怨、贬低自己的时候，在右侧画横线。我每次都希望我的来访者能在左侧画更多的线条，但是经常事与愿违。与自己和谐相处是与外部世界和谐相处的前提。应该强调和自己和谐相处的必要性。下面的练习可以渐渐提高我们的这种认识。

1.7.9　对自己的同情心

练习：对自己的同情心

首先想象在你心中有一束和煦通亮的光……让这束光照亮你内心每个角落，让你整个心间温暖而明亮……然后想象这种温暖和光明从心间溢出，延伸到整个胸腔，从胸腔再蔓延到整个身体。你全身都被心间的温暖和光明填满……现在让这束光离开脚底，渐渐地，你身体周围都被光束笼罩……想象你心间的这束光正生生不灭、源源不断地释放光明和温暖……邀请10年前那个年轻的你，还有一两年前的你进入光圈，把你心间的温暖和光明传给他们，让之前的你也温暖明亮起来……然后邀请少年的你进入光圈，把你心间的光芒给他，让他也感到温暖明亮……接着邀请1~4岁时的你，让那个"小孩"进入光圈，也把你心间的温暖和光明给他……之后再邀请未来年迈的你进入光圈，把你心间的温暖和光明也分给他……最后选择一个你觉得特别辛苦的自己，可以是任何阶段、任何年龄的你，只要你觉得他最需要帮助，可以是昨天的你，也可以是明天的你或儿童时期的你，想象他特别需要或会需要支持，把你心间的温暖和光明给他。将另一个你笼罩包围在温暖和光明之中……你和自己确认：我为我自己充满温暖和同情，我相信自己的这种能力，当我想的时候，我随时可以散发温暖和光明……

集中注意力回到自己所在的房间。

当你熟练掌握这个练习并对自己有同情心后，可以将这个练习连同下面的练习针对的对象延伸到你所爱的人，然后是那些你熟悉的人，最后是陌生人。

上面的同情心练习还有各种各样的变形，我想再介绍一个关于在想象中给不同年龄的自己当时所需之物的练习。很多人认为往事无法改变，从外界的现实层面看也的确如此，但是当下折磨我们的并不是那些往事本身，而是我们头脑中挥之不去的画面。如果我们更清楚地觉察当下、活在当下，是可以改变这些画面的。因为当下蕴藏着资源，"今日之我"可以做很多"幼年之我"做不到的事情。这个练习最早是哈佛医学院博士、心理咨询师琼恩·波利森科（Joan Borysenko，1993）在《灵魂中的火焰》①这本书中介绍的。这本书也是当时对我最有启发的书之一。我对这个练习做了一些调整，因为我觉得我们应该探讨那些让过去的自己苦闷烦恼的事情，明确邀请过去的自己来到当下。

> 想象你周身形成一个光圈……当光圈足够大的时候，逐一邀请过去的自己进入光圈。首先邀请18～20岁的"年轻的你"，当他走进时，礼貌地问候他，如果

---

① 原书名为德文：*Feuer in der Seele*。

可能，带着爱意欢迎他……让年轻的你讲述当时面临
的困难，你尊重并同情这种经历，比如你可以说："我
知道这对你来说太难了。"然后，你给年轻的你讲这些
年发生的快乐、有帮助的事情。感谢他承担了当时的
困难。然后和他分享一些现况，邀请他来内在安全之
所居住……接下来，邀请十二三岁的青少年的你进入
光圈，你礼貌地问候他，如果可能，带着爱意欢迎他。
和上面一样，你倾听青少年的你讲述困难，对他的经
历表示尊重。然后向青少年的你谈谈你经历或你知道
的长大的好处。感谢青少年的你的经历和承担的一切，
邀请他来到当下，进入"内在安全之所"……然后邀
请六七岁的"童年的你"进入光圈，同样请礼貌地问
候他，如果可能，带着爱意欢迎他……告诉他你为他
有直觉和理智的能力而高兴，感谢他，并给他讲一些
你现在生活状况中好的方面，邀请他来"内在安全之
所"……接下来，想象尚在襁褓中的"婴儿的你"被
一个发光的形象带入圈中。你尊重地问候这个小生命，
如果可能，带着爱意欢迎他，感谢他来到这个世界承

受的一切，请那个发光的温柔形象到"内在安全之所"
照顾这个"婴儿"。

最后，我有四句话作为建议，你可以想一想它的
含义：

我相信我有能力和自己和平相处……

我相信我可以认识自己真实本性中的美好……

我相信我的心可以敞开，如果我想，我可以敞开
心扉……

我相信我是可以疗愈的……

如果你愿意，可以慢慢感受这四句话对你意味着
什么。

接下来，要以同样的方式接受他人，首先是身边人，然
后是陌生人。我觉得受创者首先应学会接受自己，然后接受
他人。我的经验是，很多人在照顾他人的时候容易忽视爱自
己，这必定不是最理想的方式。我经常对我的来访者说："不
接受自己的人，也不会接受别人；不爱自己的人，在爱他人
时迟早会遇到困难。"

关于练习，我就先讲到这里。心理咨询师可以挑选最适合和来访者一起开展的练习。类似的练习不胜枚举，而且我们可以随时和来访者一起创作，根据需求为他们量身打造新的练习，我会在第 3 章再介绍一些其他练习。此外，你也可以查阅各种关于放松的书，里面有很多练习可以参考。

我要强调的是，不必因为其他人觉得某个练习好，你就去做。你要找出自己真正喜欢的、能带给你快乐和灵感、让你更强大的练习，那样的练习，不用别人催促，你也会去主动去做。如果你经历过创伤，便更有理由在此刻为自己选择快乐，也就是说，你不需要竭力迎合他人，不需要听别人说应该做什么，不需要他人告诉你什么东西很好。

你应该相信自己内心的智慧。世界上没有一样东西能让所有人满意，每个人都应找到对自己有益的东西。目前市面上关于有效缓解压力的练习指导书汗牛充栋，我喜欢保罗·威尔逊的《平静下来》[①]（Paul Wilson，1998），里面有各种让人内心平静、滋养心灵的方法，读者可以翻阅参考。

还有坎弗（Kanfer，2011）和其他作者合著的《自我管

---

① 原书名为德文：*Zur Ruhe Kommen*。

理治疗》① 也值得推荐。我自己也在这方面出了两本书，分别是《生存的艺术》②（2013）和《千里之行，始于足下》③（2016年再版），是我在结束医院的工作后念及我的病人们写的。读者也可以在这两本书中读到其他的练习和建议。

关于如何面对内在困境，下面我再介绍一些被临床证明很有效的方法。心理咨询师和来访者可以尝试一下这些方法是否有用。

1.8 学会与可怕画面保持距离

我前面讲了如何用专注力通过想象舒适美好的画面来安慰并支持自己。有时候受创者发现这个方法行不通，他们的原话是："太早，还没到时机。"世间万物的来去都有自己的时间。

有时候想象平衡画面并不能推进疗愈。这时候有一个所有人都能实践的方法，那就是与某样东西保持距离。正所谓"不识庐山真面目，只缘身在此山中"。当我们过于靠近一幅画

---

① 原书名为德文：*Selbstmanagement-Therapie*。

② 原书名为德文：*Überlebenskunts*。

③ 原书名为德文：*Eine Reise Von tausend Meilen beginnt mit dem ersten Schritt*。

时，是看不清整体的，只有与画保持适当的距离，才能看清
全貌。看清全貌指的是我们可以觉察更多，看清事物的相对
性。下面我介绍几种与自己保持距离的方法。

其中一种方法是前面介绍的"观察者"练习。有些读者
可能非常喜欢这个练习，有时候会去运用它。你要确认可以
觉察自己的身体、思维、情感和心情。其实你在日常生活中
可能也会去做这些，只是没有这样用语言表达出来，如果你
注意到自己的所思所想、所感所悟、所作所为，其实你就已
经在觉察自己。能觉察自己，这个事实就说明你不只是自己
觉察的对象。这是一个对你特别有帮助的体悟。因为人在陷
入自己的思维、情感或痛苦中时，往往感觉自己被其吞噬，
完全陷入其中无法自拔，生出"我就只是……"之感，仿佛自
己只和当下的事情合为一体。平静下来之后，又会发觉自己
并非只有刚才那种感觉或思维。但是当人们感到不安时，好
像又把这点体悟抛诸脑后。如果定期做"观察者"练习，我们
就能不只体验到自己当下的情绪，还能从不同的角度看待问
题，站在更远的地方"观察"自己的感情、思想，注意到这些
都只是整个画面的一部分，或整座山的一丘一壑。这种看待
自己的方式能让很多人平静下来。至少这种"观察"角度能阻

止我们陷入情绪的洪流，防止我们的内在舞台过于丰富，过于夸张。你要在亲身尝试后才会知道这个练习多有效。

如果受创者经常和痛苦的记忆作激烈斗争，翻来覆去与之胶着僵持，没办法或不愿意把这种负担放入"保险柜"，就可以通过"内在观察者"审视自己的记忆。可能经过一番审视之后，你可以将负担寄存在"保险柜"中。

受创者若想谈自己的回忆，可以尝试以第三人称描述当时的事情，比如不用"我"，而是"那个小孩"，或者"他"。文学家和社会学家菲利普・雷姆茨马（Philip Reemtsma）在《地下室》①（1997）一书中就用第三人称讲述了他被绑架的经历。转换意识，跳出来审视发生的事情，站在他人的角度看自己，这也是一种与回忆保持距离的方式。

受创者在回顾自己的经历时，也可以想象自己在透过一个屏幕观看，并手握遥控器，可以随时开启或关闭屏幕。

为了熟悉这些保持距离的方法，我们应该首先尝试将其运用于舒适美好的画面和感觉，之后再应用于沉重和令人烦恼的回忆。

---

① 原书名为德文：*Im Keller*。

有时候还可以想一想：我在若干年后会怎么想这一经历？当我老了，会怎么和我的孙子孙女讲呢？这样也许会对你有帮助。

当受创者内心更稳定，也就是对痛苦和沉重的感觉更有掌控感时，才适合练习上述这些方法。很多罹患创伤后遗症的受创者会在创伤的回忆中失去对感觉的掌控，或者有时候这种回忆是无意识发生的，他们深陷在回忆中，无法控制自己的感情。在这种情况下，受创者会感到极度害怕和惶恐，表现出难以言喻的愤怒，觉得自己异常茫然无助、无能为力。对自己束手无策的感觉是非常让人不舒服的。通过"保持距离"这一练习，受创者能重获一些掌控感，这可能会让他们放松下来。

下面我举一个病例的节选片段。

C女士来找我们做心理咨询，说自己在几周内一直忍受恐怖性焦虑的折磨，甚至因此不敢踏出房门一步。第一次咨询过程中，她向我详细讲了让她焦虑的事情及其对她的影响。我感觉她越来越沮丧，就想着要不要和她讲我观察到的这个现象。后来我决定问她有没有"例外"（指不被问题困扰的时刻）。

心理咨询师：C女士，你有没有感觉稍微好一点儿的时候呢？可以问这个问题吗？有没有让你感到开心或带给你灵感和启发的事物？

来访者：为什么这么问？我来这里是想和你谈我的困扰和问题的。

心理咨询师：你给我讲了很多你的困扰和问题了，据我所知，你对别人也经常谈起这些，你觉得讲述过去对你有帮助吗？

来访者：没有，目前还没有。我甚至感觉越来越糟糕。

心理咨询师：我们关注什么，什么就存在于我们的思想中。如果我们只专注于你的问题，你会觉得生活中好像只有困难和问题，因此会感觉越来越糟糕。你怎么看我这种想法？

来访者：这样啊，你说得有道理，还没有人对我这样讲过。

心理咨询师：是的，我想把你的注意力转移到生活的另一面。你越来越沮丧，是因为你对烦恼过于专注。

来访者：对，确实如此。我最近真的越来越没有勇气，因为我总感觉自己什么也做不了。

心理咨询师：那你现在再试着回答一下我之前提出的问题？

来访者：哦，我一直喜欢看书，阅读让我快乐。

心理咨询师：你对哪一类书感兴趣，有特别喜欢的类型吗？

来访者：我喜欢读历史类的书。

心理咨询师：有某个让你印象特别深刻的形象吗？

来访者：英国的伊丽莎白一世，她真是位伟大的女性。经历了那么多磨难依然坚强，甚至越挫越勇。你看那部电影了吗？

心理咨询师：嗯，我看了。我觉得很感人。

来访者：我看历史类图书或电影的时候，能完全把自己沉浸到书本或电影的世界，心情随着内容的跌宕起伏忽上忽下。

心理咨询师：你会不安吗？

来访者：不会，完全不会。

心理咨询师：这很有趣，你不觉得吗？

来访者：是啊，经你这么说，我也觉得很不可思议。

心理咨询师：当你把注意力放在别处，你就有了与不安保持距离的能力。

来访者：是，没错。但是我不能整天读书、看电影吧。

心理咨询师：对，但是你可以运用这种保持距离的能力。

来访者：怎么运用呢？

心理咨询师：你在看电影或看书的时候，可以远离焦虑和不安。如果你愿意，可以有意识地想象从"远处"观察自己。

来访者：你的意思是，我应该在不安时观察自己。

心理咨询师：是的，你可以做这个练习，因为人其实也会观察自己，只是大部分时间没有意识到自己在这样做。因为你能观察到自己，才会说你很焦虑。你可以运用这种能力，也可以赋予你的"内在观察者"一个形象。

来访者：这真是一个有趣的想法。你做的事情挺奇怪，我还没对别人说过这些。

心理咨询师：你会觉得不舒服吗？

来访者：不会，其实正好相反。我感觉比较轻松，但是也很特别。你为什么这样处理呢？

心理咨询师：我认为人越是在放松、舒适的情况下，越能更好地解决问题。在日常生活中也是这样，我们的心情越好，问题越能迎刃而解。你可能也有这样的经验。

来访者：嗯，当然。

心理咨询师：当你把注意力放在能带给你快乐、能给你内心带来力量的事情上时，会更容易解决问题。比如，我们通过与不安保持距离也能更好地解决问题，因为没有了那种压迫感。也就是说，"观察者"练习或这种观察能力可能是一种让自己冷静下来的方式，还有其他方式，比如我刚想到，伊丽莎白在不安的时候，她会怎么做。我们假设，此刻你就是伊丽莎白。

来访者：你是说，如果我是伊丽莎白，我在不安的时候要怎么做？

心理咨询师：对。

来访者：我不会不安。

心理咨询师：为什么？

来访者：因为我知道我总有办法的，我有权力啊。

心理咨询师：假设你现在也有权力，你会怎么做？

来访者：但是我没有啊。

心理咨询师：只是假设，你现在有一些。

来访者：那我会大刀阔斧、果断有力地采取措施。

心理咨询师：如果你是伊丽莎白，你具体会怎么做呢？

来访者：我会给仆人下命令，把所有让我生活不如意的人都安排得远远的，不许靠近我。最后，谁也不许直接来见女王。

心理咨询师：听上去，你现在能感受到女王有权力是什么感觉了。

来访者：是的，我能感受到，那是一种很棒的感觉。但我并不是女王。

心理咨询师：嗯，你不是。你小时候装扮过女王吗，有没有把自己扮演成别的角色？

来访者：有，我特别喜欢表演。我现在仍然在业余剧团演出。

心理咨询师：现在还演出吗？

来访者：对，我会去，这让我很快乐。

心理咨询师：你刚说了特别重要的话。你去演出，是因为它带给你快乐。也就是说，快乐仿佛是重要的力量源泉，让你能胜任某些事情。

来访者：没错。我一直都可以表演，我不想放弃它。

心理咨询师：现在，你有了两个重要的发现。第一，你能很好地进入另一个角色，让自己受到角色的启发；第二，带给你快乐的事情能帮助你抵抗焦虑。假设你经常带着这种快乐表演，能减少焦虑吗？试着感觉伊丽莎白的精神力量进入你的体内，看看会有什么改变？

来访者：听上去很有道理。你讲了很多东西，我要好好考虑一下。

心理咨询师：我觉得这是个很好的想法。如果你愿意，可以再迈出一步，不只是考虑，而是亲身体验，你觉得怎么样？

来访者：好，有道理，我试试。

心理咨询师：现在我感觉你和伊丽莎白一样神采飞扬、精力充沛。

来访者：好，我会让她的精神陪伴着我。

从这个例子中可以看出，寻找解决方案的路并不是笔直的，我们可以用以解决方案为导向的耳朵倾听，然后找出有益的方法。很多小孩都喜欢角色扮演，只是长大之后忘记了。这个来访者一直保留着这个爱好，这是她可以利用的强大资源。把注意力转移到自己的资源上以后，来访者在谈话中迅速感觉轻松多了。在随后的一次咨询中，她说每当她开始感觉焦虑时，就想象自己是伊丽莎白一世，她会迅速感觉自己内心强大了很多，有了伊丽莎白的精神力量，她说自己连态度和举止都变了。就这样，"伊丽莎白"在疗愈中成了来访者强大的盟友。这个例子说明，我们不是非要找温柔和友好的形象，特别是对女性来说，把精力充沛、英姿飒爽、巾帼不让须眉的女性形象作为内心的支撑也是非常重要的。尽管我们会在之后的疗愈过程中，知道这个来访者曾在童年时遭遇暴力，但在建立内心的稳定阶段，我们还是把注意力放在让她多接触自己的资源上面，1 年之后才进入直面创伤阶段，这时她内心已相对稳定，承受力也明显比"建立内心的稳定"阶段更强。在受创者建立内心的稳定阶段，我们应该用所有办法帮助受创者与困扰他们的问题保持距离。

我们不建议在建立内心的稳定阶段深究让受创者感觉沉

重的经历。

除非受创者自己想深究自己的创伤经历，并且这对他们有益，我们才会在这一阶段这样做，但是要注意，不要让受创者陷入解离。只有当受创者感觉能与自己所有的能力对接，而且对心烦意乱的状态有足够的控制力时，才可以开始探究创伤。

这种处理方式包括在了解来访者情况阶段不应过早、过细地询问受创者沉重的过去。很多心理咨询师从一开始就想知道来访者过往很多经历中的伤痛部分，而对来访者的可用资源一无所知。我建议心理咨询师从第一次咨询开始，就要设法在问题与主题之间取得平衡。另外，在第一次咨询时，只让受创者讲述伤痛的意义也不大。很多心理咨询师都没有认识到，叙述沉重的过往对绝大多数受创者来说又构成了额外的精神负担。考虑到正向移情与负向移情，我们应该更多地考虑从第一次咨询开始就在无形中构建心理咨询师与来访者的关系。如果第一次咨询的过程中只沟通过于沉重的伤痛部分，就等于给了来访者一个信号，让他们误以为我们的咨询只会涉及伤痛和问题。之后想纠正这种无形中的认知会很困难。

1.9　认识情绪并学会掌控问题情绪

在前面讲的例子中，来访者患有恐怖性焦虑，这也是一种问题情绪。很多受创者都会有一系列非常沉重的情绪：害怕、不安、焦虑、无助、无能为力、羞愧感和内疚感等。这些令人不快的情绪可能会不断来袭，困扰折磨着他们；也可能被他们压抑封闭起来，完全感觉不到。这都是处理创伤事件的正常机制。直面创伤阶段一般会持续半年，之后很多人会消化那些往事。但可惜并不是所有受创者都会这样，有些创伤经历会导致创伤后应激障碍，童年时期持续经历暴力或忽视也会造成长期的伤害。其中一种应对创伤的形式是自残或伤害他人，也就是受创者把攻击性行为转嫁到自己或他人身上。因此，攻击性情绪也属于问题情绪，很多受创者都需要学会正确处理自己的问题情绪。

在此，我想介绍一些在工作中证明有效的方法。在这方面，我们也通过图画和图像语言，采用所谓的"认知再建构"的心理疗愈方法，即学习识别、质疑非理性的思想，或适应不良的思想。以深层心理学为导向的心理咨询师往往没有给予认知足够的关注，但认知通常是最容易了解的。因此，我建议心理咨询师熟悉有关方法，并将其融会贯通到心理动力学的方法中（Reddemann，2014）。这里我仅谈我们工作中与想象有关的部分，准确地说，想象疗法可以被看作认知再建构中的特殊情况，或者说，运用心理动力学的语言是为了增强自体。

1.10　给不安的画面一个形象

当我们感受到愤怒、焦虑或不安等情绪时，可以尝试赋予这些情绪形象。然后和这个形象对话，问他："你想教我什么？"令人意外的是，我们可能会发现不安的情绪一下子变成有用的资源。很多人本主义的心理学派经常用这种方法。我在这里用一个例子说明。

> P先生因抑郁而接受心理咨询已经有一段时间了，据他讲，恐惧袭来时，他几乎会完全丧失行动能力，呆呆地，不知道怎么做才好。
>
> 我建议他给恐惧塑造一个形象，他突然想到了巨人。
>
> 心理咨询师：巨人有多大？
>
> 来访者：他填满了整间屋子，他非常黑。

心理咨询师：我建议你问一下那个可怕的巨人：他为什么出现？他想教你什么？在你问之前，你能不能让他缩小一点儿？

来访者：可以，没想到现在他只有刚才一半的大小了。

心理咨询师：这肯定会让你们的谈话轻松很多。

来访者：是的，我感觉我和他是平等的。

心理咨询师：那你现在可以问巨人了，他想教你什么？

来访者：他说，他想阻止我再做蠢事。

心理咨询师：蠢事？他是什么意思？

来访者：我要问问他，我也不明白……他说我一直适应他人，从来不会反抗，这是件蠢事。

心理咨询师：你自己觉得呢？

来访者：他的话有一些道理。但是他一直这样威胁我，我也做不到啊。

心理咨询师：你能不能和他谈谈，让他从现在开始支持你而不是威胁你？

来访者：你真觉得可行吗？

心理咨询师：你试一下，看看会怎么样？反正也不会更坏，不是吗？

来访者：好。他又变大了，但不能算是庞然大物。我和他说一下，他应该再缩小一点儿，让我们在同一高度上……他可以缩小……我和他说了，如果他再吓唬我，我就没办法按照他的想法去做了。

心理咨询师：好的，听上去挺有道理的。

来访者：他说他有巨大的能量，愿意拿出来给我用。

心理咨询师：你觉得怎么样？

来访者：挺好的，但是我也不知道自己现在应该怎么做。

心理咨询师：你现在所做的事像是在变魔法或在梦境中。如果你继续变魔法，下面你能做什么？

来访者：哦，如果我可以变魔法，那么他可以把他的力量转给我。

心理咨询师：是的，他可以做到这一点。

来访者：好奇怪，成功了。我现在感觉真的很好。

心理咨询师：你不妨想象一个让你惶恐不安的情境。现在用你的巨人之力来面对这个情境。

来访者：我妻子总是对我抱怨挑剔，而我总是一声不吭。我可以和她说，我不想让她用这种方式和我说话。

心理咨询师：可以。

来访者：我看到这个情境了，她在我们家客厅里这样和我说话，我变高了，告诉她我不想再这样了。

心理咨询师：然后发生什么了？

来访者：好奇怪，她开始哭了，她说她之所以这样做，是因为我太被动了，让她受不了。

心理咨询师：你想向她解释一下原因吗？

来访者：嗯，我向她说了。你知道吗？我从来没对她讲过我的恐惧是从哪里来的，我之前也不明白。但是现在我知道了，也可以和她解释了。我下周末回家时就和她说。想象这个场景让我觉得很开心。

心理咨询师：太棒了。你真应该感谢一下那个可怕的巨人。

来访者：还好吧，他也把我折磨得够呛，不过我挺高兴的，他现在可以为我所用。

很多受创者需要在咨询过程中学习这种处理问题情绪的

方式，之后才可以自己尝试一下。当我们赋予内心的状态（比如一种情绪）以形象时，就自动和它保持了距离，然后我们就可以发掘利用这种心理状态的潜力。

还有一种处理方式经常会使来访者哈哈大笑：想象一个房子，房子的每个房间中都住着一种情绪。你给每一种情绪赋予相应的形象之后，对它说："回你的房间去吧，我暂时没时间陪你。"一个来访者说："我一直觉得人会被情绪控制，但是现在我也有掌控权了。"这正是做上述练习的目的。

练习：调控器

请想象一个调控器，比如暖气调控器。然后把自己的身体想象成可通过旋钮调节供暖温度的暖气片。旋钮（散热器温控阀）中数字0是关闭，1是最小调节温度，5是最大调节温度。接着问自己：我现在的心情对应的是数字几？然后基于此将旋钮数字调小一点，或者调大一点儿。你有什么感觉？

你可以在自己的情绪汩汩涌出、按捺不住的时候，或者在感觉麻木、心情淡然的时候做这个练习。特别要注意的是，受过创伤的人可能会出于自我保护而压抑或回避自己的情绪。因此，来访者从开始练习时就要非常小心，一定要循序渐进地做。我和一些来访者仔细梳理过他们的每一种情绪，这项工作会比较耗时，但是"不积跬步，无以至千里"。尤其是，对于情绪体验掌控感不强的来访者来说，这个练习是个很好的机会，让他们知道自己是有掌控权的。

如果来访者的情绪过于强烈，建议把旋钮大幅度关小。"观察者"练习可以作为"调控器"练习的辅助，前者有助于受创者迅速从情绪中抽离。

转换时间视角也能帮助受创者抽离，比如我前面介绍过的"内在团队"的练习，也就是那个和各个年龄段的"自己"进行的"圆桌会议"。特别是，想象迟暮之年的自己，问他怎么看待这个问题、这个事件、这种感觉或这种混乱，可以帮助受创者从另一个视角观察和思索这些问题和事件。

为什么罹患创伤后应激障碍的人要学会从压迫性情绪中抽离？

我认为主要的原因是受创者的强烈情绪会成为一个刺激，触发创伤性体验重现，让受创者仿佛重临创伤性事件发生时的情景。这种恶性循环是可以打破的。当罹患创伤后应激障

碍的受创者学会控制自己的情绪，可以允许自己感受愿意体
验的情绪时，其内心的稳定感和能力感会得到提高。在我看
来，巧妙应对情绪是直面创伤的重要前提。只有能在一定程
度上控制和承受自己情绪的人，才应该尝试直面创伤。许多
受创者都说过希望马上面对过去的痛苦，以便让自己尽快好
起来，但这可能是一个误区。在重新面对创伤经历时，受创
者必须能承受住那些强烈的感受，否则很可能重新体验创伤
性事件，因为直面创伤过程中受创者的情感体验常常强烈而
真实，让其感觉往事历历在目，仿佛自己正在经历。所以我
想提醒受创者和心理咨询师：有必要花时间让受创者能以稳
定的内心应对情绪。前面打好基础，在直面创伤阶段才能立
竿见影，受创者才可以消化创伤经历，而不用经历不必要的
痛苦。

1.11 遇见"过去之我"

在我们的想象练习中，和"过去之我"互动占有举足轻
重的地位，也是我工作的核心部分。在想象中遇见"过去之
我"，也是在局部面对创伤。有人认为我这种创伤疗愈方式并
没有让受创者直面创伤，这个说法显然大错特错。我的做法

比有些同人在深度直面创伤方面更谨慎。

我们认为，在绝大部分病例中，那些与成人行为不符的强烈情绪都和过去没有解决的冲突、伤害或创伤有关，这些受创经历大多发生于来访者的童年或青少年时期，当然也有发生在成年时期的。与经历创伤的"过去之我"互动是有效增强"今日之我"功能状态的工具，同时允许内心退行，而不用在咨询关系中设计退行方案，心理咨询师与来访者建立的联盟关系也会保持良好的状态。我们姑且把前来寻求心理咨询的受创者看作功能状态正常的成年人，把出现问题的部分归咎于"过去之我"，同时邀请"今日之我"关怀"过去之我"。这样，受创者马上就会被看作有能力而且内在资源丰富的人。在下面的病例节选中，我将介绍两种情况，一种是经历创伤的"过去之我"，另一种是经历创伤的"内心的小孩"。

Z小姐给人的感觉是一个忧心忡忡、腼腆羞怯的年轻女士。沟通后，我感觉她是一个谨小慎微、怯声怯气的人。4周前有人抢劫了她工作的银行，整个过程发生得非常迅速，劫匪在她眼前杀了她的一位同事。尽管另一位同事拉响了警报，警察很快赶到现场，但是同事被杀的画面总是在她脑海中挥之不去。在讲述这段经历时,她全身颤抖,并开始哽咽。她定了定神,接着说,自己在事发之后总是提心吊胆,害怕同样的事情会在自己身上重演。发生这件事之后,她就再也不敢独自走出房门,连看病也要母亲陪伴。她还经常梦到那个场景,但梦里被杀死的总是自己,她每次梦醒后都被吓得全身汗透。她每天都处于这种状态,完全不知道应该怎么做。

心理咨询师:Z小姐,我感觉你一向是个非常谨慎的人,你在生活中没有什么大问题,一直生活得挺好,是这样吗?

来访者:是的,生活虽然不是一帆风顺,但我的状态还从来没有像现在这样差。我现在感觉糟透了,有一种彻头彻尾的无助感。

心理咨询师:无助感其实是那个经历银行抢劫和自己同事被杀的女士体验到的。

来访者:嗯,是的,不过我不明白,你的话是什么意思?

心理咨询师:我想象到有一个未曾经历这件事的女士,她一直都生活得很好。至于你4周前经历的事情,每个人都会感觉它难以承受，会陷入焦虑和惊恐，你只是需要时间，时间会消化一切。

来访者：你是说，我现在这么害怕，其实不算发疯？

心理咨询师：是的，我就是这个意思。这是特别正常的。谁经历了这样的事，都会一直去想，都会做噩梦、会害怕。

来访者：那我现在应该怎么做呢？

心理咨询师：你能想象一下自己还是从前那个活得很好的 Z 小姐吗？你能回忆起抢劫发生之前的自己吗？那种满怀信心、乐观积极的自己，你有那样的时候吗？

来访者：当然可以。在抢劫发生之前，我还去了西班牙的特内里费岛度假。当时我感觉真的很好，很享受生活。

心理咨询师：你能再回忆一下当时那种享受生活的感觉吗？还记得特内里费岛的景色吗？能感觉到阳光的温暖和当地的气息吗？

来访者：嗯，可以。想到这些，我现在感觉好多了。可是我想这些干什么呢？

心理咨询师：你感觉到的幸福也是你的一部分，就像恐惧一样。我想给你的建议是：想象两个自己，一个是开心、愉悦的，一个是害怕、焦虑的。让开心、愉悦的自己去照料害怕、焦虑的自己，并且告诉她，自己很理解她，她真的经历了特别可怕的事情。

来访者：我不能确定自己能否做到这一点，但是我可以试一下。

（此时，来访者专心想象，心理咨询师可以观察并确认她是放松的。）

来访者：我没想到真的可以做到这一点。

心理咨询师：那你觉得怎么样？

来访者：我感觉好了一点儿。

心理咨询师：你可以常常把在特内里费岛度假的自己叫出来，让她和恐惧的自己说话，就像刚才那样。这样，恐惧的自己会慢慢安定下来。但是你或那个快乐的"自己"应该承认那段经历真的很可怕，不要忘记抱抱那个受到惊吓的自己。这需要时间，你现在的经历是很正常的，最重要的是给自己时间去消化这段经历。我们其实可以把它比作身体受伤，你知道，身体可以慢慢让伤

口愈合，只是需要时间，心灵也是如此，我们最终可以
自我疗愈，因为每个人都有自我疗愈的能力，但是必须
给自己时间。如果你愿意，我们过一段时间再详细探讨
抢劫事件。

来访者：你说得有道理。我现在有勇气先尝试一下
想象刚才说的那两个"我"。

（Z 小姐下一次来的时候，说她可以很好地与自己对
话，并且这个方法确实有效。她的睡眠好多了，但是
依然不敢踏出房门。）

心理咨询师：你在害怕什么呢？

来访者：我觉得有人会突然出现，并对我做些什么。

（来访者在说这句话时脸色苍白，呼吸更加急促，又
陷入恐慌。她的双眼因为害怕而显得有些呆滞麻木。我
会在第 2 章重新回到这一幕。我成功地给来访者做了心
理干预，帮助她在内心感觉更加安全。随后来访者讲述
了自己在 5 岁时做的扁桃体手术。这件事给她带来的阴
影至今犹在，提起此事她好像千斤压顶。我和她尝试了
"保险柜"练习，但是她没办法把这段经历放进去，于是
我建议她用观察者的视角，以第三人称描述出自己的经

历。她讲了大概情况之后，我建议她把"内心的小孩"从这个沉重的情境里面带出来。）

心理咨询师：Z 小姐，你可以想象自己把这个"小孩"从可怕的情境中带出来吗？准确地说，这件事已经发生那么久，早就过去了，只是你内心的那个"小孩"还不知道。

来访者：我要怎么做呢？我完全不知道如何照顾那个"小孩"。

心理咨询师：当时的那个"小孩"需要什么？

来访者：需要大人，能对她说"都过去了，没事了，会好起来的"的大人。但是当时我父母也很害怕，特别是我妈，她很担心我会发生不幸。

心理咨询师：假设你有完美的父母。当然这样的父母是不存在的，但是我们可以想象，你觉得他们在这种情况下会怎么做？

来访者：我要是有完美的父母就好了。

心理咨询师：你可以在内在舞台上创造很多形象，如果你愿意，也可以创造完美的父母，他们的行为完全如你所愿。我建议你内观一下，看能不能找到完美父母的画面。

来访者：我看到两只鸟，它们带着那个小孩，把她安放在一个鸟巢里。

心理咨询师：它们可能是完美的父母吗？

来访者：嗯，我觉得是。那个小孩感觉好多了。

心理咨询师：你能想象这个小孩在鸟巢里得到所有她需要的照料、安慰和关怀吗？

来访者：嗯，这种感觉很好。但是我有点儿愧疚感，这等于在批判我母亲。

心理咨询师：你觉得你母亲当时应该改变自己的做法吗？

来访者：不，她改变不了。

心理咨询师：你现在只是在创造另一种可能性，怎么会是批判呢？

来访者：每当我有不同想法时，我妈妈都觉得我在批评她。但是我能想象，现在这种内心的创造对我是有好处的。

心理咨询师：好，关于你母亲，我们之后再谈，你觉得怎么样？

来访者：可以，这挺好，如果我们之后还会回到这个话题，那我现在就可以把注意力放在这个小孩身上。

心理咨询师：你现在想象那对大鸟，也就是完美的父母，把那个小孩带出来了，你感觉怎么样？

来访者：非常好，想象这些让我感觉很好。

在疗愈内心受伤的小孩时，我们会邀请"今日之我"来照顾自己内心的"小孩"。如果来访者做不到，我们会建议他们想象完美的父母或对他有帮助的生灵。在这里，完美的父母或有帮助的生灵其实是来代替有爱、充满同情心的"今日之我"的。大部分人很难直接想象有帮助的生灵，他们要通过回忆小时候的自己需要什么，才能进入遐想状态。大部分童年遭遇暴力、被忽视的人会拒绝"完美的父母"这个建议，更容易想象有帮助的生灵。对于那些什么都想象不出的来访者，我们可以让他想想自己了解的"内心的小孩"需要什么，有什么反应。我还从来没有遇到过一个完全想不出来"内心的小孩"需要什么的来访者，只是他们有时候需要一些指导和提示。我也会推荐我的来访者去读关于儿童发展的书或儿童文学作品，这样他们能更清楚地了解小孩的需求。除此之外，我会问他们"内心的小孩"是否想听类似下面的话:"小孩,你经历的事情很可怕。我理解你感到非常伤心、愤怒……但是现在我长大了,我来陪你了。我想让你与我或其他有帮助的生灵去一个世外桃源,从现在开始,你会永远幸福下去。"

想象遇到"过去之我",这部分的中心原则很简单。

来访者说出自己身上明显的具有儿童特征的行为,然后问自己这种行为是否符合成年人的举止? 如果来访者的回答是否定的,可以让他回想一下,他在几岁时有这种感觉或出现过这种行为。这样,来访者就掌握了遇见"过去之我"的关键,可以尝试在想象中和过去的自己对接。在建立内心的稳定阶段,来访者主要是要充满同情心地把"过去之我"带出沉重又有压力的情境,送到内在安全之所,并给予安慰。在直面创伤阶段,"今日之我"借助"内在观察者"的角色内观,并讲述"过去之我"经历的创伤。想象"过去之我"既是部分面对创伤经历,也是一种抽离,还是一种非常有效的工具,从长远的角度看,这能帮助来访者不去依赖心理咨询师的关怀。来访者越是能很好地照顾"过去之我",越能在每次来咨询室的间隔期关心自己,但是达到这种程度需要一定的时间。

有时候来访者需要很久才能在想象中与"过去之我"相遇。

我还想再举一个例子，来说明与"过去之我"相处有助于建立内心的稳定。

C 先生大部分时间都能很好地应对生活中的大小事务，只是每当他在缺乏共情的人面前明确表达自己的需求，他都会陷入惶恐和不安。他自己也非常懊恼，责备自己屡屡不能坚持想法，责备自己潜意识中会有恐惧，但他无法改变现状。C 先生知道自己小时候经常遭到母亲殴打，他说很多人都有这样的经历，没有什么，他自己对此克服得很好。鉴于他的一些表现，我们怀疑他是否真的克服了童年的阴影。但我还是决定接受他看待问题的方式，因为他在生活中确实基本没有问题，事情都处理得不错。同情心也意味着心理咨询师理解对方的处境，并耐心地展开之后的步骤。

心理咨询师：C 先生，你和我讲这些，让我感觉你内心有两个完全不同的人。一个是在生活中能应付大小事务，也能坦然豁达地面对过去的成年的你；另一个是内在是个小孩的你，这个小孩非常胆怯，不敢反驳。你觉得我说得准确吗？

来访者：是的，在要反驳时，有时候我感觉自己像一个小孩。但我内心没有两个人，我还没有发疯。

心理咨询师：没有，完全没有。我再给你详细解释一下我的意思。我们的人格并不是完整不变的，我们的内在中有很多不同的"我"，我们偶尔能感觉到他们的存在。我们甚至会对自己的一些部分非常陌生。比如你对自己在某些时刻的行为方式感到很陌生，觉得自己像是一个小孩。我们能觉察到这些，绝对不代表我们发疯了，恰恰相反，这是正常情况。只是精神科学在这方面的探索还不够深入。但是也有一些心理咨询师涉足了这个领域，最早研究这方面的心理学家之一荣格就提过"情结"，这个"结"可以间接侦测，而表现的行为则很难理解。弗洛伊德也知道人有好多不同的部分，他把这些部分称作……

来访者：是的，这个我知道。弗洛伊德的书中说道本我、自我和超我。我认真读过弗洛伊德的书。

心理咨询师：我很高兴你对此有所了解。一些心理咨询师比弗洛伊德研究得更远，他们把内心的状态比作一个舞台，上面有各种不同的形象。好消息是，"本我"

就像导演，可以和内在的各个形象对话，看看是否要尝试新的东西。这些内在的形象需要同情心。友好成熟的"本我"当然不会命令这些形象去做什么，而是和他们商量，先真正认识他们。

来访者：你是在暗示，我还不太了解他们吗？

心理咨询师：可以这么说。你现在还是不太想认识那个胆怯的部分。假设那个让你不断注意到的部分是一个小孩。你觉得当小孩不被注意时会做什么？

来访者：会发脾气，惹麻烦。

心理咨询师：没错。你觉得可能是你内心的小孩在惹麻烦吗？

来访者：可能吧。我不太愿意想这个，因为这让我感觉自己不受控制。我能掌控自己，这点对我来说特别重要。

心理咨询师：假设你很友好地接触了那个小孩，他现在感觉很轻松。这不正代表你还可以掌控自己吗？在某种程度上说，你难道不是更有掌控力了吗？

来访者：如果能行，我当然很高兴。你说的也有道理，我在排挤、驱赶让自己不愉快的东西。

心理咨询师：我想给你一个建议。我们的想象力是会变魔术的。如果你现在与内心恐惧的小孩对接，问问他你是否可以把他揽入怀中，拥抱他，邀请他来到你现在的世界，会对你很有帮助。你内心的小孩仿佛被冰封在了某个时间内，所以他当然会胆怯。如果你带他来到现在，让他感觉到你理解他的伤痛，那么他会感觉很安全。你认为呢？

来访者：嗯，你说得很有道理。你的意思是我想象就可以？

心理咨询师：是的，你试试行不行，想想怎样邀请他来。

（C先生开始集中注意力想象，几分钟后，他盯着我。）

来访者：好奇怪，我真的可以看到他在我眼前。我没想到有这么神奇。他才刚刚5岁，充满恐惧，我知道他为什么恐惧。

心理咨询师：如果你和内心的小孩都同意，现在想象把他带出来。之后若你们双方愿意，可以听他讲讲自己的故事，然后你讲给我。但是现在重要的是把他领到安全的地方。

来访者：我要把他带到哪里呢？我不能一直照顾他。

心理咨询师：你能为他想象一个美好又安全的地方吗？

来访者：嗯，可以。但是现在要有人照顾他啊，他太伤心了。

（讲到这里，来访者几乎要哭了。）

心理咨询师：好，你能感觉到他现在的痛苦吗？

来访者：能，我能特别深刻地感觉到……

心理咨询师：他究竟需要什么呢？他那个时候需要什么？

来访者：需要有人爱他，和他一起玩，安慰他。

心理咨询师：成年的你能给他这一切吗？

来访者：我应该可以……他想握着我的手，我抚摸着他的头发，对他说，我很喜欢他。

心理咨询师：真好，你能与他建立这么好的关系。

来访者：尽管我和自己的小孩关系也很好，但我没想到和自己内心的小孩也能这样。

心理咨询师：你和小孩的关系可以帮助你与内心的

小孩相处，你知道他需要什么。

来访者：我不在的时候，他还是需要人照顾。

心理咨询师：你现在为他想象一个有帮助、有爱心的生灵怎么样？你知道想象力可以创造我们心中所想的任何东西。

来访者：是的，你说过这一点，这是可以的，我记住了。我真没想到这一点，但是你说服了我。完美的父母……好，我找到了。我用动物也可以吧，人对我来说不太安全。

心理咨询师：动物非常好，很棒，你想到了。

来访者：我选了两只猫。

心理咨询师：这也很好。

来访者：它们就负责看护小朋友了，他会感觉很好的。我想，我之后还要再来，然后我可以给你讲关于他的故事。我先看看我感觉怎么样。

心理咨询师：好，这个主意不错。

在建立内心的稳定阶段，最重要的是把"幼年之我"送到安全的地方。把内心的小孩带到成人的时空，这个想法源于"时间是相对的"这个物理学认知。我们可以按照自己的喜好想象。大家都会有这样的经验，时间没有固定的长度，长短是个人的感觉。还有一点是，受创伤的自我就像被"冰封"在了创伤的情境中，完全不了解现在。如果现在是相对安全的，这将是受创者有利的资源。当我们把"幼年之我"送到了安全的地方后，他就可以慢慢探寻"今日之我"的世界。另外，我特别推荐受创者让其"幼年之我"了解现在生活中好的一面，受创者可以和他一起在良辰美景中做一些他那个时候做不到的赏心乐事。比如，成年人吃冰淇淋绝对是十分容易的，但是如果"幼年之我"特别想吃但又得不到满足，"今日之我"可以在想象中带着他一起吃。

自本书出版以来，我发现与"过去之我"相遇这部分还能被更广泛地应用，并积累了很多正面经验，下面再列举两种情况。

第一种是关于那些从在母体内以及从出生起就感觉被世界拒绝的人。我建议他们想象刚出生时的自己（是否贴近现实并不重要），要用爱和愉悦欢迎自己降临到这个世界。这个友好亲切的欢迎需要在一段时间内定期练习。这样做虽然不能挽回当年被拒绝的现实，但是可以提升自我接纳能力。

第二种是关于感觉被忽视的人。我们知道，"情感忽视"高居创伤原因的前几名。想象那个被遗忘的孤独的小孩，给他大声或轻唱摇篮曲。全世界的摇篮曲都非常相似，有简单平易的旋律和反复摇曳的节奏。古典音乐中也有很多这种形式的乐章，大多都是脍炙人口的名篇。重要的是，来访者要发掘适合自己"内心的小孩"的音乐，可以是家喻户晓的曲调，也可以寻找符合这种音乐形式的新摇篮曲，可能效果还会更胜一筹。

1.12　让问题形象登上内在舞台

前文曾多次提到"内在舞台"这个概念。我们对正面形象已经有所了解，所以接下来主要是让"坏蛋和反派角色"也一一登场，对他们做细细的研究。

我想提醒一下，我们所有人都既是内在舞台的导演，也是演员，也就是说，内在舞台上发生的一切都发轫于我们。这种看法最符合心理学家荣格的观点。著名的心理疗愈大师维吉尼亚·萨提亚（Virginia Satir，1978）将其称为"内心的剧场"。利用"内在舞台"的理念，我们可以把各个角色拉近或推远，觉察和演绎精神活动，当我们在"观看"这个舞台时，它仿佛存在于我们之外，这也是保持距离的一种方式。

我们能在"内在舞台"上发现有帮助的生灵以及过去的自己和未来的自己。若我们和这些形象建立了很好的关系，便容易认识不太让人舒服的形象。如前所述，我们可以给不安的情绪（比如恐惧）赋予形象。除此之外，还有很多不速之客，他们也是构成内在舞台剧的一部分，经常被称作反派角色、坏蛋。有些心理咨询师认为，在内在舞台上出现的所有形象都是重要且必要的，并且能对我们起保护作用，也就是说，他们"只是"表面的反派和坏蛋。

几年前，我特别赞成消灭"内心的敌人"。我当时主要是参考克拉利萨·品卡罗·埃斯蒂斯在《与狼共奔的女人》[①]（Carola Pinkola Estès，1993）中对格林童话人物"蓝胡子"的解析，以及菲莉斯·克里斯托（Phyllis Krystal）关于《坏父母》[②]原型的处理方式。但是如今，我更建议与"内心的敌人"和解，与之和睦相处。若来访者坚决拒绝，想象"敌人"卸下武装可能更有效果。

接下来我先分析和解，然后是卸下武装。"和解"这个理

---

① 原书名为德文：*Die Wolfsfrall*。

② 原书名为德文：*bösen Eltern*。

念建立在一个假设的基础上：我们内在的一切都为自己的生存服务，因此我们不应该与之为敌。受创者要意识到：这部分曾经是想帮你的，想让当时的你在一个相对安全的环境中与身边重要的人互动联系。但是这部分并不知道你已经长大，不再依赖父母或其他重要的人了。如果你愿意，还请首先感谢曾经帮助过你的这部分。下一步，你可以请求这部分换一种方式帮忙，也就是你现在长大了，他帮忙的方式需要让你感到舒适。

20世纪80年代，旧金山心理咨询研究小组的研究员已经证明，儿童特别善于在认知方面适应困难状况。桑普森和魏斯称之为"主控理论"，也就是说，对自己的负面想象其实是出于尝试调解和身边重要的人之间关系的自我保护。如果这部分负面想象告诉"内心的小孩"：你一文不值。受创者也别无选择，只能接受这个声音，然后通过调整自己的认知来适应身边重要的人。在这个理论基础上，我们不难理解，表面上在破坏、在否定的这个部分，准确地说是在帮忙。但是来访者已经长大，而其内心的这部分却还是看到过去的依赖关系，经常把之前糟糕的经验一次次套用于现在。因此，在过去或许有用的认知继续用于当下时，就会产生相应的问题情绪。

下面是一个病例节选。

M 女士说每次她在计划重要的事情时，都能听到内心的一个声音说："别做了，反正你不会成功的"。

我问她知不知道这个声音是从哪儿来的。

来访者：嗯，我知道。这是我妈妈经常对我说的话。每次我要尝试去做什么事情时，她都这样泼冷水。

心理咨询师：小时候的你听到这句话是什么感觉？

来访者：很可怕，但是我也不能做什么。

心理咨询师：你能想象是因为你小时候没有办法，只能相信妈妈的话，所以把这句话越来越内化吗？或者内心先有一个声音是为了避免再听到妈妈这句话？

来访者：嗯，是的。之后我只要知道我妈不想让我做某件事情，我几乎都不会去尝试了，直到今天，这个声音依然在阻拦我。

心理咨询师：这个对你们的母女关系有什么影响？

来访者：我们好多了，她之后几乎什么也不说了。而且她也不需要说了，我自己会听到这个声音。

心理咨询师：是的。其实某种程度上这个声音也保护了你，当然不是以最好的方式，肯定不是，但是或多或少……

来访者：嗯，可以这么看。但它还是很烦人！

心理咨询师：当然，你在今天看来是这样的，但在当时呢？

来访者：确实挺悲哀的。

心理咨询师：如果你对那个声音说自己知道它想帮你，但是你长大了，希望它能以成熟的方式帮你。你觉得怎么样？

来访者：我不太愿意这样，但是我可以试一下。你知道吗？我最近真的很烦这个声音。

心理咨询师：是，我知道。但是我猜这个声音还不知道。它还是把你当作小女孩，认为你应该做妈妈认为对的事。

来访者：哦，这样啊。那我现在告诉它！

紧接着，来访者惊奇地发现，那个声音很高兴她知道自己是想帮忙。双方讨论之后，来访者请"声音"换种方式帮自己，它同意了，决定以后把声音改为"尽你最大的努力"。对方对此都很满意，来访者感觉好多了。

这里重要的是"今日之我"可以承认"声音"是想助自己一臂之力的。但是有些来访者会非常排斥和"声音"友好相处，我确实也遇到过这样的来访者，这时我们可以采用童话或神话中大家熟悉的方式进行处理，稍后我会具体讲述。有些同行对我这种方法持怀疑和拒绝的态度，但重要的是，我们要跟着来访者走，引导大约只占咨询工作 20%，剩下的大约 80% 是倾听与跟随。

施害者心力内摄在产生的过程中起到重要的心理防御作用。因为对施害者心力内摄或对施害者的认同感可以帮助受创者不感觉自己无能为力。当受创者对施害者产生认同，或把施害者的行为吸收到自己的人格中时，那么所发生的事情就是"正确"的，受创者也不会再感觉束手无策了。从另外一个角度看，这是焦虑型依恋和对丧失客体的恐惧。

这几年我知道了适当尊重来访者的心理防御机制是多么重要。理查德·施瓦茨（Richard Schwartz, 1997）将心力内摄称为"管理者"甚至是"保护者"。我们从这个称呼中也能看出其重要性。

然而，内在舞台上的这些反面形象有时会极具破坏性，来访者根本无法与他们和解，这时更重要的是收回他们的破坏性，这就是我所说的"卸下武装"。

消灭是一种方式，改造是一种更温和的方式，正如米切尔·恩德（Michael Ende）在《小纽扣杰姆和火车司机卢卡斯》①中写的恶龙马尔察恩太太一样，她拘押虐待小孩，吉姆和卢卡斯救出了公主，战胜了恶龙，却没有杀她，而是让她改邪归正，成了一条"智慧金龙"。

通过和许多来访者一起探究内在反派形象以及施害者心力内摄，我了解到没有任何一种解决方法能对所有受创者都行之有效。有一点我很清楚：如果不曾建议来访者创造完美父母形象，只是鼓励他们在内心象征性地"消灭"父母不好的那一面，会让来访者陷入致命的绝望，因为我们同时剥夺了来访者内心父母可能有的美好的一面，而这一面正好是来访者生存所需。

不仅是童话和神话中描写的与恶势力斗争、与反派形象相处对我们有启发意义，就连儿童游戏也有同样的作用。我这样总结与反派形象相处时重要的一点："坏蛋守护的可能是无价之宝，反派保卫的也许是稀世之珍。"也就是说，我们觉

---

① 原书名为德文：*Jim Knopf und Lukas der Lokomotivführer*。

得很有威胁、想尽快摆脱的东西，可能背后隐藏和守卫的是和璧隋珠。

在统一运用自我状态模型（Reddemann, 2012；Watkins & Watkins, 2003）疗愈施害者心力内摄时，尤其要注意尊重这个假定的有破坏力的部分，"今日之我"对其的改造、转化倒还在其次，更主要的是邀请这部分与"今日之我"展开新的协作。也就是说，需要更重视各个自我之间的友好合作。

2
学习如何与身体和谐相处

我们回到 Z 小姐经历银行抢劫的那一幕（见 1.11 节），她脸色苍白，感觉快虚脱了。

心理咨询师：Z 小姐，请一定相信，你现在在我的诊所里非常安全，我能握住你的手吗？

（来访者点头。我握住她的手之后，她稍微镇定了一点儿。）

心理咨询师：Z 小姐，你能把注意力集中到呼吸上吗？觉察你身体的呼吸，吸气，呼气……

（来访者按照心理咨询师的建议去做，脸色慢慢恢复了。）

来访者：我小时候经常这样，很早以前了，在银行那件事发生之前，这毛病其实完全好了。但是，现在所有症状又回来了。命运真是不公，我现在感觉很糟糕。

心理咨询师：嗯，确实是这样。你说的命运不公会具体反映在你的身体里吗？你能感受到吗？

来访者：在肚子里。

心理咨询师：请仔细感觉一下自己的肚子。将你的注意力全部放在上面……现在发生什么了？

来访者：现在转移到了胳膊……又到了腿部。很痒的感觉，像是蚂蚁钻了进去。

心理咨询师：这很好，这就是说，你的活力和精神又回来了。可以用画面描述你现在的感受吗？

来访者：我不知道。我真的不需要担心蚂蚁在爬的感觉吗？之前每次出现这种感觉之后，我紧接着就会手足抽搐。

心理咨询师：我是这样理解的，当你手足抽搐时，你的身体其实是想帮助你的，但是你的恐惧感太强烈了，打断了生理反应，没有接受它的帮助。这样的话，身体没办法真正帮你，你会不断陷入难受的状态。如果你愿意听，我想给你讲讲大自然的猎场中，动物在遇到生命危险时的做法。

来访者：为什么是生命危险？我的生命现在没有受到威胁。

心理咨询师：的确，你现在没有生命危险。但是你的反应好像是经历了生死关头一样，可以说这种经历刻在了你的骨子里。你能明白我的话吗？

来访者：嗯，我觉得银行抢劫挺危险的，那个歹徒可以把我们全杀了。而且我小时候还经历过很可怕的事情，也是生死攸关。

心理咨询师：你想继续说吗？还是现在提这个话题太沉重了？

来访者：今天还是不提了吧。请你谈谈你刚才提到的动物吧。

心理咨询师：好的。在遇到生命危险时，动物正常的反应是逃跑或战斗。若动物没办法逃跑，也不能反抗，就会装死，等到危险过去。它们看上去会做一些不协调的动作，如果去放慢这些动作，你就会知道这些动作其实像在奔跑。这是不是很奇妙？

来访者：它们为什么这么做呢？

心理咨询师：它们想补上之前没做的逃跑动作。之后，它们就没事了。我们人类也会做类似的事情。你在恐惧之后感觉到的蚂蚁在爬，就是手臂和腿在做逃跑的准备。

来访者：如果是这样，还挺有意思的。那我之后应该会好起来，我也会做不协调的动作吗？

心理咨询师：不会，只要你允许自己的身体可以重新"活跃"起来。在我看来，蚂蚁爬的感觉就是身体麻木之后又重新活跃的表现。你也知道我们人类在恐惧时会有僵直反应。你刚才看上去脸色苍白，仿佛失去了活力和精神。

来访者：可以这么说。我觉得你讲得特别有意思。听上去，发生的这些也没有那么可怕，感觉身体出现这些反应有它的道理。

心理咨询师：我觉得肯定有它的道理，身体是知道答案的，只是我们经常意识不到身体和精神可以帮我们。还请回去再想一想我们今天谈的内容。下次你可以和我讲讲你都想了什么。

2.1　自我疗愈、身体记忆与自我觉察的原则

身体、情绪和逻辑是互相影响的，心理咨询师要确保来访者与其身体建立联系。很多来访者根本感觉不到自己的身体反应，这时心理咨询师要再次问来访者喜欢做什么：散步、游泳或网球？我建议来访者去做所有能让自己快乐的事情。也就是说，如果只是出于健身才去运动，我不认为这样的运动对心理疗愈有帮助。很多来访者都在锻炼，但并不注意运动是否能给自己带来快乐。所以鼓励来访者"只做真正让自己快乐的事情"非常重要。另外，让来访者学习认识自己的身体需求，认真觉察身体本身，也是至关重要的！

我的工作受到彼得·莱文（Peter A. Levine，1997）的启发，在我看来，他是第一个证明创伤疗愈和脑干活动有关系的人。经历过极端沉重事件的人会陷入急性应激反应（冻结状态），这时，其注意力会集中于激活脑干。激活是机体不由自主的反应，但是我们在摆脱僵直反应时做的很多事情却在抑制这种自愈机制。他主张的对身体的关注、对身体反应的觉察，在我的临床实践中都被证明特别有效。我们日常生活中习惯对事物加以评判，而有评判之心，就难免加入主观

色彩，出现自身的情绪波动，比如可能增强恐惧感。相反，不加评判的自我觉察会让我们更加深刻地意识到机体的变化。对于受创者来说，尤为重要的是可以通过自我觉察稍微地跳出情绪，而不受情绪控制。身体语言是无声的诉说，觉察还可以增强受创者对身体和身体应变能力的信赖感。

在之后的疗愈过程中，来访者可以根据自己的经验举一反三。

我认为，以感受为主的对身体的觉察对受创者来说是最好的身体练习。创伤不只发生在精神层面，还发生在身体内，也就是说，我们必须把身体带入疗愈的范畴。每个取得成果的创伤疗愈都必须找到身体疗愈的途径。这并不是要给来访者增加疼痛或做剧烈的疼痛疏泄，我们的工作经验和莱文的研究也不鼓励这样做。慢慢将身体引导至沉重的情境，有意识地改变身体的惯性反应，可能会消除创伤后遗症。

如今，我坚信这一点：越温和越好。

应该让受创者感知到，自己虽然经历了痛苦和可怕的事情，但是身体依然是幸福的源泉，蕴含巨大的活力。过去几年，我发现朱莉·亨德森（Julie Henderson）提倡的练习方法以及 Breema 身体练习对此都特别有帮助，并且这两种方式都运用了想象力。

朱莉提倡的练习尤其让人心情愉悦：她建议来访者有意识地打哈欠、大笑、发出呼哧呼哧的声音、说傻话等，同时强调这些练习一定要在想做的时候再做，这点非常重要。我经常在开展工作期间做她提倡的练习，用来促进和维护心理健康。一个研究小组证明，这些练习将注意力集中于另一种身体表达方式，可以改变情绪和心理状态（Henderson，2001）。

2.2 Breema 身体练习

Breema 是富有游戏性质又不带评判的身体练习（Schreiber，1989）。

我之所以觉得 Breema 很适用于受创伤的人，是因为这个练习可以作为从想象层面照顾受伤的自我部分的补充，从身体层面帮助来访者用爱和温柔看待自己的身体。

Breema 身体练习主要是通过触摸来"滋养"身体。每个练习都有相当诗意的名字，让画面感油然而生，比如"赠予雨露""赠予日光""摩挲山峦""敞开心扉"等。这些练习建立在比我们更贴近大自然的那些人的经验基础上。Breema 身体练习在我的工作中起到的主要作用，是让来访者通过练习学会触摸自己。这对很多受创者来说并不是轻易可以做到的，很多人在刚开始时无法分清这种行为到底是自己滋养性的触摸，还是他人伤害性的触摸。所以要让来访者知道自我触摸是惬意温暖的，这对他们可能是一种全新的体验。

很多人并不了解 Breema 身体练习，为了让读者对其有个概念，下面介绍其中的两个练习。

练习：摩挲山峦

☐ 保持舒适姿势站立，脚后跟并拢。

☐ 将左手贴在脐下，右手放在左手上（见图 2-1 式 1）。

☐ 保持这个姿势，深呼吸 3 次（见图 2-1 式 2）。

☐ 将双手上移至心脏高度，保持这个姿势深呼吸 3 次。

☐ 将双手继续上移至脸部（不要接触面部）。双手手掌覆盖住眼睛（同时闭上双眼），手指靠在额头上放松（见图 2-1 式 3）。

☐ 保持这个姿势，深呼吸三次。

☐ 双手轻轻抚过额头，经头顶、脑后到颈部。

然后由前胸抚至腹部，再从身体两侧缓缓放

下（见图 2-1 式 4、5、6）。

☐ 保持舒适姿势站立。

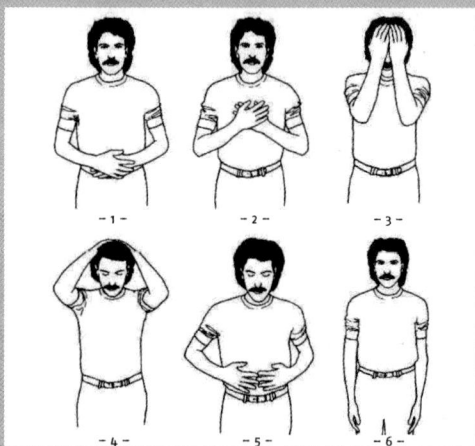

图 2-1　摩挲山峦

练习：敞开心扉

☐ 保持舒适的姿势站立。

☐ 合掌，手指交叉，拇指指向前方（见图 2-2
式 1）。

☐ 吸气时，手臂前伸，拉伸肩部和肩胛骨（见

图 2-2 式 2）。手臂伸直后，慢慢弯腰，翻掌
心向前。拉伸手腕和指关节。当手臂伸直后，
后面的动作要一气呵成（见图 2-2 式 3）。

☐ 呼气，同时将手移至胸前（掌心朝上）。肘关
节下沉，拉伸指关节（手指保持交叉）。打开
胸腔，头部后仰（见图 2-2 式 4）。

图2-2　敞开心扉

☐ 将上述动作重复两次。

☐ 第三次呼气后,掌心朝内,触摸心脏高度的胸腔。慢慢将手部贴身体平移至脐下,再移至后背腰下,经腿部后侧移至脚趾,再从腿前侧向上移至脐下。然后双手猛地向上绕过头部,向后做抛掷动作。手掌向外,手臂慢慢放下至身体两侧静置下垂(见图2-2式5、6、7、8、9)。

2.3　其他身体练习

本书第1章介绍了一些关于身体觉察或在想象中"接触"光线的练习,这些练习也属于与身体和谐相处的新方式。来访者可以根据自己的感觉而不是他人的建议,在不同的时间选择不同的颜色。不同的文化对颜色的寓意有不同的解读。来访者不必拘泥于某些固有观念,可以根据自己的感觉随心所欲地为疗愈、快乐与和平选择颜色。

还有一种善待身体的方式是芳香疗法,市面上关于这方面的书很多。值得注意的是,最新的大脑研究特别重视对嗅

觉的刺激作用，气味可以提高大脑边缘系统的兴奋程度，从
而提高记忆效果，帮助我们学到新东西。这也是心理疗愈的
意义——让来访者意识到当下已是新的一天，有新的机遇。

想象也可以对身体的伤痛产生疗愈效果。要让来访者明
白一个重要的信息，那就是我可以做一些事情，我并不是无
能为力的。

3
面对惊恐的方法

本章我们进入直面创伤的阶段，我会详细介绍如何面对创伤经历。

3.1　准备阶段

一些经受过创伤的来访者直面创伤的前提是，有足够的安全感。具体包含三个方面：来访者在与外界、与心理咨询师以及与自己的关系中感觉足够安全。

第一，来访者在与外界的关系中感觉是安全的，是指来访者与施害者不再有联系。如果这种联系并没有被切断，来访者直面创伤将会非常危险。所以，仔细确认施害者是否远离来访者非常重要。心理咨询师应该知道：与施害者有联系的受创者为了生存下去，常常需要具备解离①能力，而这种能力在心理疗愈的直面创伤阶段将被弱化或去除，这对受创者来说是得不偿失的。因此，当受创者仍与施害者保持联系时，受创者必须在疗愈中努力获得外在安全感，同时要辅以内在安全感，即增加受创者与自己相处时的安全感。

一般来说，我们要注意来访者内心会有一部分"自我"希望尽快直面创伤经历，好让痛苦早点儿过去；而还有一部分"自我"感觉时机还不成熟。要想让直面创伤阶段顺利发展、水到渠成，所有"自我"部分必须都要做好准备。

第二，咨询关系中的安全感是必备前提。我建议在直面创伤阶段初始，就要再次和来访者确认这一点。例如可以询问下面的问题来确认："你在我们的咨询过程中有没有十足的安全感，我们可以这样继续吗？你还需要做什么才能感到足够安心？"另外要注意的是，遭受过暴力创伤的人可能会过快地给出肯定答案，而不考虑自己对安全感的倾向。心理咨询师最好考虑到来访者给出否定回答的情况，以便有备无患。如果来访者没有消化创伤，就会保留与创伤相关的行为方式，

① 解离的主要症状是自我认同混乱、自我认同改变、失现实感（现实解体）、失自我感（人格解体、失神）或解离性失忆。

这是一种自我保护机制。不反抗也属于自我保护机制，这在创伤情境中会很有帮助，意味着心理咨询师要对来访者的不反抗行为给予适当的尊重，并向来访者指出现在与产生创伤的那时不同，今非昔比，希望来访者在感觉没有安全感的时候要向咨询师明确告知、坦诚相待。经过几次咨询，如果来访者能感觉到自己的想法和意愿受到尊重，会觉得心理咨询师足够值得信赖。

直面创伤工作的另一个重要前提是心理咨询师要具备相应的素养。只能进行普通的心理疗愈教学及有名的心理疗愈方法培训是不够的，心理疗愈教学中关于精神创伤疗愈的课程内容至今依然寥寥无几。来访者应该问自己的心理咨询师是否掌握相应的培训（Reddemann & Dehner-Rau，2012）。让来访者直面创伤的心理咨询师必须知道如何应对解离行为，否则，让来访者直面创伤不亚于铤而走险。下面举一个例子进行说明。

来访者 A 女士是精神病科的同事紧急介绍来的，她反复做噩梦，出现闪回、失眠和极度焦虑症状。

来访者 45 岁，近两年因中度抑郁、强迫性行为和食欲不振，一直在做心理咨询。最近几周她一直回想小时候和青少年时期遭遇的多次被严重伤害的经历。来访者在讲述这段回忆时，之前的心理咨询师 S 仔细询问并且鼓励她更清楚地回忆创伤事件，不要控制自己的情绪。结果来访者越来越不安，并出现了上述的症状。

这位来访者出现的就是以闪回为表现形式的解离症状。心理咨询师与来访者对创伤性事件不设防、无保护的谈话引起并加剧了来访者的病情。心理咨询师不明白，解离最初是为了保护受创者免受极端情绪的侵扰。心理咨询师在来访者没有做好准备的情况下，让其不克制自己的情绪，此举是将来访者更深地引入解离之中，因为解离是为了对抗不可承受的情绪。来访者没有获得足够的支持，没有学会控制情感，也就没有获得自我安全感。

A 女士在讲自己的困境时表现得非常激动。她说之前与 S 医生做心理疗愈时，知道了自己在童年时遭受的一些虐待。心理咨询师在感觉 A 女士想讲述这些经历时，对她进行了如下心理干预。

心理咨询师：对你来说，想到这些事情肯定是特别可怕的。

来访者：是，很恐怖。但我知道疗愈过程中需要把它说出来。

心理咨询师：直面伤痛很重要，我们会在一旁陪伴你，但还是请你给自己一些时间。比如想象一下在我们这个城市里发现了一个地雷。

来访者：嗯，我经历过这种情况，当时政府把我们整个区都疏散了。

心理咨询师：是的，这个时候专家会赶到现场排雷。其实你的病情也是如此，你需要内在的专家，他们训练有素，装备齐全，能帮你把内心的"雷"排出来。

来访者：我明白。

心理咨询师：你能想象一个保险柜吗？那种可以一下子把所有东西放进去，之后再慢慢一件一件拿出来的保险柜？

来访者：嗯，希望你能帮我消除伤痛。

心理咨询师：好，请想象有一个保险柜。

来访者：嗯，好的。

心理咨询师：好的，现在想象把你"看"到的所有东西都放到保险柜里，如果是图像，你可以把它卷起来放进去；如果是电影，你可以想象成盒式录像带，把录像带放进去。

（来访者聚精会神地想了一会儿，说她已经把"看"到的所有东西都装进去了。）

心理咨询师：你觉得怎么样？

来访者：好多了。

从来访者的生理角度来看，她稍微放松了一点儿。心理咨询师告诉她，她可以随时重复这个练习。通过这种形式，心理咨询师向来访者展示了一种自我管理的方式，让来访者知道如何处理与创伤有关的事件和回忆。

这种类型的干预可能会有一定效果。

但是，在这种情况下，我会建议采用另一种处理方式，前提也是来访者同意这么做。

我会问来访者如何看待"将内心各个受伤的部分带到安全之所"这种想象。如果来访者觉得可以尝试，我会建议他想象各个受伤的部分，仿佛从远处观看自己的生命全景，然后请有能力的生灵先保护、照料这些"过去之我"。这个方法我实验了很多次，效果非常好。但只有来访者所处的外界环境相对安全时，这个方法才有意义，当然，还需要来访者同意采用这种方式。

第三，来访者在与自己的关系中感觉足够安全，这一点在第1章详细描述过。上面的病例也说明了自我安全感是直面创伤的基础。我觉得疗愈中的很多技术问题，都是因为来访者没有充分掌握自我管理方法，特别是因来访者不具备自我镇定能力引起的。如果是这样，最终咨询往往只有一条出路：心理咨询师必须帮来访者做很多事情，减轻他们的心理负担。有时候这不可或缺，但是我还是觉得心理咨询师应该倾尽全力挖掘并支持来访者的自我能力和自我价值感。

最近几年，我们越来越意识到与内心的"过去之我"特别是与"内心的小孩"相处，是进入直面创伤阶段的准备过程中非常关键的一步。当来访者可以带着爱对待自己"内心的小孩"时，会更容易在每一次直面创伤后进行自我安抚和鼓励。另外，这种方式还能最大限度地给来访者提供内在安全感。

再总结一下：直面创伤的前提，是来访者已有足够的安全感，可以处理伤痛的情绪，也就是说来访者具备情感区分、情感控制及安慰自己内心的能力。来访者能做"内在安全之

所"或"精神协助者"等带给自己安慰的想象练习，并且与
"内心的小孩"建立良好的关系。来访者应该已经掌握并可以
运用抽离方法。对于经历过多次创伤的人，他们在处理其中
一个创伤时，脑海中很可能浮现其他创伤经历。在这种情况
下，非常重要的是处理创伤经历的来访者可以应对突然出现
的创痛记忆，也就是说，他们可以有意识地驱散这些记忆，
比如将其放入"保险柜"。

我们确实不能保证来访者在直面创伤时绝对不会激活其
更早的创伤记忆。许多人感觉自己早就消化了很久之前的伤
痛，但是当他们直面其他创伤时，会发现自己的心理自我保
护机制面临崩溃。

大脑意识的处理机制在应对创伤经验时可能引发健忘症。
这是危险的，因为当受创者受到外界或内部刺激时，健忘症
有可能会被消除，也就是说受创者会在自我心理保护机制中
变得十分脆弱。此外，身体疾病、心理疗愈等其他原因也有
可能使自我保护机制发生动摇，比如我们看到在 A 女士的例
子中，在直面创伤也很有可能动摇自我保护机制。

我认为，一种安全的直面创伤的方式是：请来访者站在
观察者的立场上想象自己的生命全景，让其中出现的所有受

过创伤的"过去之我"部分都被"有帮助的生灵"友好地带到安全之所。来访者之后可以仔细照料这些自我部分。自从我用这种方式与来访者沟通之后，只有很少的来访者会在直面创伤阶段通过"情感桥"①出现其他的自我部分。

3.2　直面创伤

处理创伤的有效方法有很多。本书主要想推荐一种来访者可以利用其各种自我保护潜能的安全温和的疗法。更重要的是，要在直面创伤之后重视在精神上对来访者进行安慰和开导。

"观察者"疗法

第1章讲到了"内在观察者"，并建议有意识地与"他"建立联系。我们每个人都有这种内观的部分，只是要觉察到他的存在。

特别是，"内在观察者"练习能为我们赢得巨大的抽离感。

---

① 情感桥是指我们现在的情感与过去发生的第一次激发这种感受的事件之间的联系。美国心理学家约翰·沃特金斯（John Watkins）率先提出这个概念。

但对有些人来说，这个练习过于复杂。所以来访者有必要权衡自己是更喜欢用"观察者"法，还是用"自我觉察"法来审视自己的经历。

在和受过创伤的来访者沟通之后，我会非常关注如何用最温和、最谨慎的方式直面创伤。我建议采用两种方式，一种是彼得·莱文的方式，读者可以在《唤醒老虎：启动自我疗愈本能》①一书中详细了解这种方式。另一种方式是用"观察者"。这两种处理方式都被认为可以避免来访者再次体验极端痛苦的创伤经历，温和安全的处理方式同样有效。

我和同事已经收集了数以百计的来访者用"观察者"的方法直面创伤的疗愈案例。有时候来访者自己都非常意外，他们在直面创伤的过程中竟然并没有经历多少痛苦。经过这样的直面创伤阶段后，来访者就可进入融入阶段，只有在极个别的情况下，我们才需要再一次对来访者经历创伤的自我部分进行处理，然后让其进入融入阶段。

有时候尽管来访者直面创伤的过程并不理想，但是其机体仍可以通过学习自行进入融入阶段。

---

① 原书名为德文：*Traumaheilung*。

下文会通过一个病例一步步介绍"隐蔽观察者"（hidden observer）的方法，在这之前，我还想阐述一下所谓的"隐蔽观察者"。

"隐蔽观察者"的概念是由美国心理学家欧内斯特·希尔加德（Ernest Hilgard，1994）提出的。他发现被他催眠的一个学生可以回忆起进入催眠状态期间发生的事情，以及他被引导进入催眠状态之前都做了什么。希尔加德在其他人身上也发现了这样的"隐蔽观察者"，但并不是所有参与试验的人员都有这个能力。他的发现证明，至少有一部分人可以知道"本不应该知道"的事情。下面这个病例中，来访者仿佛回忆起了他失去知觉之后的事情。这部分的表述之所以很谨慎，是因为我们对这方面还知之甚少。

N先生是交通事故急救医生。几个月前，他赶到一个严重的事故现场，看到多人身亡。他形容那种感觉像是有"什么东西扎进了骨头"，久久挥之不去。他描述了他在事故现场的所见所思，还说自己处理伤亡人员时特别镇定，仿佛一切都在掌控之中。但是当他走在回家的路上时，才发现自己的膝盖都软了。

很多参与过交通事故急救的志愿者都讲过类似的经历。在现场，需要快速行动的时候，他们"镇定自若"，但这种解离机制很容易引发问题，特别是这些受创者之后如果把事情憋在心里，没有机会倾诉，情况会更危险。当N先生把自己的可怕经历告诉妻子和朋友时，有时他会哽咽，会以这种方式面对自己的经历；他在给我讲时则非常平静沉稳，不夹杂任何情绪，甚至让人觉得他已经消化了这段经历。

心理咨询师：N先生，我想给你一点建议，这可能会让你更清楚自己的处境。我们每个人都有"观察"自己的能力。如果你愿意，你现在可以问一下自己的"内在观察者"，问他能否告诉你为什么直到今天你的膝盖还是发软，用你刚才的话，至今还有"扎进骨头"的感觉？

来访者：（有点儿惊诧地看着我）好吧，我承认，确实有一个回答。

心理咨询师：是什么？

来访者：这与我童年的一段经历有关……我出过一次车祸……我完全没想过……这让我现在有点儿害怕，

我能感觉到恐惧在慢慢占据我的心头。

心理咨询师：在你深入探究之前，我还想请你做一些准备，让自己更容易面对内心的恐惧。你同意吗？

来访者：你先告诉我需要准备什么。

（我向他详细讲述了一遍疗愈计划，说明了内在安全感的必要性，告诉他"内在安全之所"和"精神协助者"的练习，问他能不能想象一下。当他想象出一些画面后，我问他能不能通过想象给"内在观察者"赋予形象，虽然他没有同意这么做，但是他很确定自己内心有这样的"观察者"。）

心理咨询师：现在请问你的"内在观察者"，除了那个经历车祸的小孩，你自己是不是还有与这段经历相关的年轻或年长的自我部分。

来访者：是，还有。还有一个"过去之我"和另一个年轻的男士，我的"内在观察者"是这么说的。

（接下来我告诉N先生，有一点很重要，那就是他需要将所有经历过创伤的部分都送到"内在安全之所"，甚至是"今日之我"也要留在"内在安全之所"，只留下相对中立的"内在观察者"重新审视创伤情境。更准确地说，"内在观察者"需要观察当时所有的自我部分，包括感觉、思维和身体感受，然后把这些信息反馈给"今日之我"，"今日之我"再把信息传递给心理咨询师。）

来访者：听上去好复杂啊，这样做有什么好处？

心理咨询师：这样做的意义是让你不用再经历强烈的痛苦，就可以直面创伤情境。我们之所以关心与创伤有关的所有自我部分，也是出于这一目的。我们不想让任何一部分自我经受不必要的痛苦。因为咱俩还不算熟识，我觉得这种方法更安全，你也会有更多的掌控权。我们也可以用"屏幕"疗法代替这个方法（我给他大致讲了一下"屏幕"疗法），你觉得怎么样？

来访者：我真没想到你这么谨慎。我一直以为想看心理咨询师就要咬紧牙关直面创伤。你不是写过来访者要"硬着头皮向前"吗？

心理咨询师：不，这不是我写的。但是我之前确实赞同这种观点，觉得这无法避免，可我现在不这么认为了。我一直在努力寻找一种能让来访者尽量少经历痛苦的方式。你在工作中肯定也知道，为了减轻来访者的痛苦，手术技术也在不断改进。只是交通事故急救医生面对的伤者都经历了特别大的痛苦，所以你们没有人会格外重视某一种方法，不是吗？

来访者：（笑）肯定没有人能想到这一点。

心理咨询师：你觉得呢？你想用哪种方式和我沟通？

来访者：我还想再考虑一下。

心理咨询师：好的，这个主意不错。多给自己点时间总没错。如果你同意，我建议你回去好好想想，同时可以利用一周的时间做我们今天谈到的各种想象练习。不断增强这种观察能力。我觉得你也能把这点很好运用到自己的工作中。如果你觉得没问题，下次我们把咨询时间延长一点，好好谈谈这些话题。我们也可以计划做几次咨询，你觉得呢？

来访者：我想尽快面对这些痛苦，让它们快点过去。但是那种恐惧感令我很不安。你说得对，我最好还是准备一下。

心理咨询师：你现在还有恐惧感吗？

来访者：现在没有。

心理咨询师：你要不要问一下你的"内在观察者"，

是哪一部分的自我有恐惧感？是"今日之我"还是其他部分？

来访者：好奇怪，和我想得真的不一样，那个"内在观察者"告诉我，是经历车祸的"幼年之我"有恐惧感。

心理咨询师：如果这部分自我再出现恐惧感，你能想象自己让他平静下来吗？你可以向"他"解释，现在"他"在你身边，在安全的地方吗？

来访者：我不知道怎么说，你的建议对我来说有点儿奇怪，也很陌生。我毕竟也算是自然科学家，我读过关于"内心的小孩"的相关内容。好吧，我可以试一下这个方法，应该不会对我有害。

心理咨询师：我觉得特别重要的是，你要暂且收起自己的疑虑。各个自我部分和"内心的小孩"都只是一种想象。但是，这种想象有时候卓有成效、屡试屡验，我们也能通过这种方式和自己建立更好的联系。如果都把自己看成是一成不变的，效果反而不好。而且很多著名的研究者也对"自我是一成不变的"这种说法持怀疑态度。如果你感觉这些概念让你不安，你没有办法采用相应的方式，那我们可以一起寻找你更喜欢的其他方式。

来访者：好，我先试一试吧。

我们从上面描述的场景中可以看到，在心理疗愈过程中，每一个决定都需要来访者参与其中。

如果想用"观察者"这种方法，来访者需要再次确认自己有"内在安全之所"和"精神协助者"，并可以接受对"内在观察者"的想象（其实我们所有人都在不断观察自己，否则就没有人知道自己在想什么、感受什么、觉察什么了。但是，在大部分情况下，这种观察都是相对无意识的）。此外，还应该有能力将过往放进"保险柜"。

最后，如前所述，我们还应该掌握与"内心的小孩"相处的能力。"今日之我"或"精神协助者"需要照料并关怀那个"内心的小孩"或受伤的自我部分。

下一步是邀请所有与创伤情境有关的自我部分到"安全之所"。我们想象一下：一个人在他 6 岁时经历了一场车祸，当时他感到特别无助；从那以后，每当他感到无助，关于车祸的回忆都会被触发，神经元网络被激活。我们再回到"不同的年轻自我部分"这个模型中，受到创伤的"我"就像被冻结在当时的事件中。"今日之我"可以将各个"过去之我"带到此时此刻，给他们安全感。这种假设目前还没有被证明符合严格的科学论证，但是得到了很多有科学依据的临床经验的验证。"你内心住着一个小孩，他就是过去的自己"，这种构想已经多次被证明是有效的工作假设。

N 先生在很短的时间内就满足了所有直面创伤经历的必要前提，但有时候满足相应前提的准备过程需要很久。

在随后一次咨询中，N 先生说他自己都很意外，他想象的画面竟然能令自己感到舒适，他尤其喜欢"内心的小孩"这个想法。他觉得这种处理方式很好，让他更加自主。他还向我描述了他的"内在安全之所"，他想象了一个老年智者做自己的"精神协助者"。我问他下一次咨询是否能多花一些时间，最好长于 50 分钟，用于和我一起探究他"内心的小孩"，他同意了。由于他上次还没有决定用哪种方式探究，我又问了他一次。他觉得目前来看，"观察者"这一方法是最舒适的。

因为离那次咨询结束还有一些时间，我建议他做几个和"内心的小孩"见面的准备,他同意了。

　　心理咨询师:如果你现在回想当时的车祸,你觉得有多沉重?你可以用数字0~10表示,10代表极度沉重,0代表完全不沉重。

　　来访者:7。

　　心理咨询师:能不能用一句以"我是"开头的话,形容你在这次事故中的角色。

　　来访者:我是有错的。

　　心理咨询师:听上去现在对你来说相当沉重。

　　来访者:嗯,有点儿。

　　心理咨询师:如果你能做出改变,你希望怎么想自己?还是以"我是"开头。

　　来访者:呃,如果我能改变,但是我改变不了。

　　心理咨询师:是,这段创伤还活在你心中,或者说重新活跃起来了,让你感觉它近在眼前。你知道,这是典型的还没有消化创伤经历的表现。我们之后还会回到这个话题。还请你再考虑一下,在这种情况下,你希望怎么想自己,这也能给我们接下来做什么指明方向。

　　来访者:我希望自己这样想,我当时还是小孩,也没办法做到更好了。

心理咨询师：把这个句子重新组织一下，不要出现否定词，可以吗？

来访者：我做了自己能做的事。如果我跳出事件来看，确实是这样，但是如果我深入我的内心，就不是这样了。

心理咨询师：你能评估一下"我做了自己能做的"这句话吗？"1"表示完全不对，"7"表示完全属实。

来访者：那就是1，完全不对。

心理咨询师：现在你做好准备了，如果你愿意，下一次我们可以运用你的"内在观察者"，直接面对创伤经历。

来访者：好，我已经迫不及待了。

应该让受创者在直面创伤经历之前，先评估一下消极思想（比如上文中的"我是有错的"），接着拟定一个积极的目标思想（"我做了自己能做的事"），然后让他自行评估他目前的状态相较于目标思想达到了什么水平，这对疗愈非常有帮助，来访者可以通过这种方式向自己学习。

积极的目标思想就像是指路明灯。另外，我觉得将不同的创伤同化并合在一起直面是很有效的，当然，前提是来访者可以接受这种方式，并且这样做是有意义的。

N先生再次来咨询室的时候，我请他试着想象一下把各个经历过创伤的自我部分都送到"内在安全之所"。

来访者：好，可以。

心理咨询师：此时此刻的"你"也在其中吗？

来访者：在。

心理咨询师：你能与"观察者"建立联系，并请他告诉你，他都看到了什么吗？你让他描述一下当时那个小孩的感受、思想、行为和经历。如果我感觉漏掉了一部分，我会问你。

来访者：好，那个……有一家人去拜访朋友。他们在路上散步，那个小男孩延斯只有6岁。父母的朋友有两个女儿，她们年龄稍大一些。两位父亲一起在前面走，母亲们和小孩们走在后面。现在所有人都走到了一个路边，准备穿过马路。两位父亲走得很快，一眨眼就到了路对面，但是母亲还在路这边没有过去。延斯想快速跑到父亲那儿……于是，他冲了过去。

心理咨询师：他在想什么？

来访者：想到父亲身边。

心理咨询师：他感觉怎么样？

来访者：觉得不舒服，他不想做和妈妈更亲的小孩。

心理咨询师：在你继续之前我还要问一句，是不是你所有受创伤的部分都在内在安全之所？（心理咨询师这样问，是因为他感觉来访者表现出了不安和恐惧。）

来访者：等一下，我还没说全，我再整理一下。

心理咨询师：你这样细心真的很棒，慢慢来。

来访者：延斯冲了过去。他没看到有辆车开过来了。他只看到父亲在对面。"内在观察者"看到了一辆白色的奔驰车，那辆车撞上了延斯，巨大的冲击力把他甩向空中，他被抛到了母亲那里，昏迷了。

心理咨询师："内在观察者"知道延斯在想什么吗？看到车来的时候他是什么感觉？

来访者：延斯很害怕，他没再想什么，因为一切都发生得太快了。

心理咨询师："内在观察者"是否能告诉你，延斯昏迷之后发生什么了？

来访者：稍等一下……嗯，他说所有人都很紧张。父亲小心地抱起延斯，放进车里，带他去了医院。在医院，医生给他做了检查，然后把他平放在病床上。我不知道自己是不是在幻想和编造，因为我知道之后发生了什么。但是这些画面现在如此生动地展现在我眼前。

心理咨询师：你知道的和你现在"看到"的感觉吻合吗？

来访者：嗯，非常吻合。

心理咨询师：这是最重要的。你现在也没办法验证具体的细节，如果你想搞清楚，有机会可以问问父母。你现在可以"看"一下延斯怎么样了。

来访者：他父母想把他带回他们居住的城市，他们是为了拜访朋友才去了另一个城市。但是延斯昏迷了，他们还要等一等才能回去。通过"内在观察者"，我可以清楚地感觉到这里是母亲，那里是父亲。

心理咨询师：躺在病床上的小延斯现在身体怎么样？

来访者：他感觉不到。现在他醒了，他很不舒服，全身都痛。母亲在和他说话，抱了抱他，这种感觉很好。母亲给他讲了事情的经过。

心理咨询师：你感觉创伤到此就结束了吗？你的"内在观察者"怎么说？

来访者：……没有结束，接下来发生的事情也很糟，我感觉很害怕。

心理咨询师：你想继续聊，还是我们下次再说？

来访者：我想继续讲完。

心理咨询师：好，你的"内在观察者"感觉到了什么？

来访者：延斯被带回了家乡，去了那里的医院。家乡的医院没有之前的医院舒适。他现在一个人在医院，感觉很孤单，身上很痛。医生过来说还要做一次手术，因为他腿上的断骨不能正常愈合。延斯害怕极了，他想让妈妈过来，但是她不在，他不知道该如何是好。医生说马上就要做手术，护士推着病床穿过长长的走廊，他更加恐惧，特别想哭。他们来到一个大房间，那儿还有另一个医生和一个护士。他们把他放在手术台上，他害怕极了，非常不安，小兔子毛绒玩具也不在身边，他感到很绝望，认为这是对他过马路时不当心的惩罚。他们给他进行了麻醉，我能闻到那种气味，我感觉很不好。

心理咨询师：你能给自己一些时间消化这些经历吗？你所有受创伤的部分是不是都在内在安全之所？

来访者：我什么都可以看到，可以从远处感觉到。刚才延斯完全近在眼前，仿佛与"我"又融为了一体；现在他又回到了"内在安全之所"。"我"把他的小兔子毛绒玩具给他了。那个医院的人真是太卑鄙了，这么对待一个小小孩。你想想，他们竟然都没有告知我父母要再次手术，真是难以置信。

心理咨询师：是的，我也觉得。小延斯完全没有人保护和支持。太可怕了！……如果你还想继续，就告诉我。

来访者：现在可以了。嗯，"内在观察者"现在感觉……这有可能吗？

心理咨询师：什么？

来访者：延斯什么都知道，他没有被真正麻醉，但是医生和护士不知道。这可能吗？他感觉好痛，害怕极了。

心理咨询师：有可能。相信你自己。

来访者：他不能感觉到所有的事情，但是他知道医生在他腿上动来动去。现在他睡着了。然后他又在另一个房间，他父亲在那儿。现在他可以哭了。

来访者：（他的眼睛也湿润了。他完全沉浸在"内心的小孩"的伤痛中。我满怀同情地在脑海中想象他讲述的经历。我们都沉默了一会儿，然后 N 先生看着我说）真的太难了，这是最痛心的，但是我之前都不知道。关于那次事故，我只有大概的印象，但是我完全不记得医院的事了。我觉得这个场景其实比事故本身还可怕，你认为呢？

心理咨询师：是的，我很能理解。小延斯在这种情况下真的是绝望、孤独又无助，要独自承受这么多恐惧。

来访者：你这个词说得很好——独自承受。他们竟然没有告诉我的父母，在我的家人不在场的情况下就做了手术。

来访者：（哽咽）我越想越愤怒。

心理咨询师：你现在能有这种感觉很好。他们对你做的事情确实有点儿问题……延斯当时需要什么，他现在还需要什么？

来访者：他需要有人告诉他医生简直是在胡闹，他当时真的非常勇敢，从今往后不会再孤单了。

心理咨询师：你作为一个大人，可以把这些事告诉"他"吗，可以抱抱"他"吗？

来访者：嗯，我可以，我很想这样做……真是可怜的小孩。我现在想起来了，我父亲在医院里非常愤怒，和医生们吵了一架。他真的为我做了很多，很好，我现在什么都知道了。

心理咨询师：N先生，你现在感觉怎么样？你现在再回想当时的车祸，用数字表示，感觉有多沉重？

来访者：1~2吧，现在感觉很遥远。

心理咨询师：那现在再想一下，你小时候做了自己当时能做的事，你现在觉得这种说法有多正确？

来访者：我觉得我没有做错事情。小小孩就是很难考虑周全，我想去父亲那儿，这无可厚非。我没有错，只是当时很不幸，之后的事情也是……我可能就是因此当了交通事故急救医生……（笑），这也不坏，不是吗？

心理咨询师：我想你找到了一个疗愈过去伤痛的好

方法。你回顾了这么多，相信你会更理解自己的工作，也能更平静庄严地救死扶伤。

来访者：是的，我觉得你说得很有道理。

心理咨询师：现在，我建议你接下来好好关怀自己。你身边有理解你的知心人吗？

来访者：有，我可以和妻子说一些。她会让小孩们今天别来打扰我。

心理咨询师：好的。这特别重要，你要时不时"照顾"一下"小延斯"，可能没有更多的精力分给小孩们。如果之后的几天你感觉不能平静下来，或者感觉不舒服，可以给我打电话。还有很重要的一点，你要知道，你的机体需要时间来慢慢消化过去的伤痛，但很有可能这段经历不会再是你的负担。

来访者：好，我可以想象。就像我现在做的这样。

心理咨询师：最晚在下周来咨询室的时候，我们再看看这段创伤是不是能被消化得很好。

（下一周咨询时，来访者说自己好多了。他想到了自己发软的膝盖，但是无论是回忆前不久的事故现场，还是回忆小时候的事情，他都没有再出现膝盖发软的感觉了。再回顾童年的车祸事件，他觉得没有那么沉重。积极的目标思想"我已经做了自己能做的"保持成立。几周后，N先生又去一次严重的车祸事故现场救死扶伤，他发现自己更加坦然从容了。）

这是一次典型而理想的疗愈过程。每次能亲身经历并且参与这样的疗愈，都让我感觉如沐春风，似饮甘醇。

我选这个病例进行分享，是因为这个病例的每个疗愈步骤都非常清晰。在本书的最后，我会像整理行动手册那样一一列出疗愈的步骤。这里我想介绍一下可能出现的困难以及如何与严重或反复受创者相处。

如果来访者经历过多次创伤，我们就要找到合适的方式将所有经历创伤的自我部分都带到"内在安全之所"进行"照顾"。我们过去以为只要来访者可以想象"保险柜"就够了，但是现在我不这么认为。"保险柜"练习是没有因果关系的干预，所以不太安全。如果来访者可以想象将所有经历创伤的自我部分都"领"至"内在安全之所"，并且我们至少明白这些自我部分的伤痛有多严重，那么用比喻的说法，这些经历创伤的自我部分就可以"留在"内在安全之所。在那里，有

"精神协助者"悉心照料他们。也就是说，当所有经历创伤的自我部分都处于安全状态时，我们就可以回顾创伤性事件。这样做可以大幅度避免情感桥被激活的风险。

来访者随时可以自己或在我们的帮助下把新浮现出的经历创伤的自我部分带到"内在安全之所"。从现在的角度看，这是我们所能提供的最好的保护。

与只经历过一次创伤的人相比，经历过多次创伤的来访者的沉重感一般不太容易减轻。如果我们朝着减轻来访者精神压力的方向努力，那么每迈出一小步都算数，每一小步都能带来希望。

几年前我还想过："如果'观察者'疗法可以减轻精神压力，但是不能为受创者赢得足够的抽离感，应该怎么办？"可能是因为我们在疗愈中对所有经历创伤的自我部分都进行了细心的准备工作，后来没有再出现这个问题。

从前，我们在"观察者"练习之后，还会用眼动疗法再次处理创伤记忆和负面体验。经过准备阶段，来访者的抗压能力已经得到显著提升，可以应对眼动疗法中偶尔出现的剧烈情绪压力。如今，我觉得如果心理咨询师会用眼动疗法，就可以多一种选择，有备无患。

上文病例中，虽然来访者对小延斯进行安慰的时间很短，却十分有效，受创者往往需要更长的时间进行自我安慰。我觉得安慰内在小孩与处理创伤事件同样重要，可惜目前这方面的科学研究还很少。临床经验表明，适当的安慰能大大降低主观的痛苦感。此外，每次直面创伤疗愈结束时，我都会问来访者："你觉得还有什么能帮助受创的'过去之我'减轻精神负担？"几乎所有来访者都回答："我需要关心和安慰他。"

如何面对高度解离的来访者？

对于这类受创者来说，"观察者"疗法尤为容易实现。进入内在观察者的角度与解离非常类似，甚至有可能是相同的，但是我们现在知道得还不多，所以用"观察者"疗法时，来访者出现解离的风险很小，但也不是完全没有。我觉得心理咨询师应该尽力避免受创者出现解离症状。在来访者直面创伤经历时，如果我感觉到来访者有一丝一毫"神游"的迹象，会马上问来访者，是不是所有经历创伤的自我部分都在内在安全之所，尽力将来访者拉回现实。比如，我会建议他们有意识地感受双脚，直至他们意识到周围一切的真实性，这时解离症状就会消失。在我看来，出现解离，说明来访者压力过大、心理负担过重，也是我疗愈进度太快的表现。"开始得越慢、越稳，后面才能渐入佳境，越来越快"，我前面提到过美国心理咨询师理查德·克鲁夫特这句座右铭，至今依然被我奉为圭臬。来访者在直面创伤经历时出现解离，意味着没有消化创伤，也就不能进入下一个阶段（融入阶段），很可能所有工作要重来一遍。从这个意义上来看，进度太快也是得不偿失的。另外，每一次解离对来访者来说都是负担和压力，会让其陷入创伤情境。

因此，我的建议和上面那位心理咨询师如出一辙："请给自己时间，请给你的来访者时间，最后你会赢回这些时间。"

心理咨询师需要丰富的经验来应对来访者的解离状态，此外还需要知道，应对解离的关键是让"神游"的来访者重回此时此刻。解离意味着受创者的沉重情绪超过了自身的承受能力，心理咨询师要探究哪些部分对来访者来说过于沉重，并及时调整策略。

最近几年，我们学会了要认真、慎重地对待来访者的自我保护机制，也就是说要由来访者而不是心理咨询师来决定疗愈进度。如果让来访者按照自己的内心稳定程度确定进度，就不存在"硬着头皮向前"了，因为这本身也属于一种解离保护机制。在我看来，很重要的是和来访者"今日之我"部分说清楚，问其是否愿意继续进行。我觉得最好在来访者直面创伤之前，告诉他要相信自己的感受和情绪。他们能感觉到什么时候超出了自己的承受能力，心理咨询师只能去猜，但无法真正了解来访者的感受。

在此，我还想提醒一下心理咨询师，一定要相信来访者（身体）的智慧。伟大的医生帕拉塞尔苏斯说："治病在人，治愈在天。"我觉得这句话隐含以下意思：来访者与生俱来的本能才是真正的健康守护者，我们不是。我们帮助来访者疗愈时，应该抱持恭顺和谦卑的态度。

3.3　直面创伤之后

正如在 N 先生的病例中所提到的，心理咨询师应该告诉来访者，在直面创伤之后，如果他们感觉有需要，应及时与心理咨询师联系。我们也可以和来访者通过简短的电话或谈话进行沟通。直面创伤之前，心理咨询师应该问清楚谁可以在家里照顾来访者。例如，受创者是小孩的母亲，应该有人帮忙分担家务，不用让她回到家里还被琐事缠身。

自从我们在疗愈过程中始终关心来访者所有受创伤的自

我部分开始，几乎没有发生过来访者大脑处理机制失控的情况。尽管如此，受创者还是要清楚，在直面某次创伤经历后，他们对其他创伤性事件的回忆可能会源源不断地涌现，或者已经直面过的创伤会再次发展到不可收拾的地步。如果出现这样的情况，不必惊慌。另外，直面创伤之后，受创者可能比平时更多愁善感，甚至悲不自胜，这是进入疗愈第三阶段（融入阶段）的过渡。因为只有完成直面创伤阶段之后，受创者才能完全承受过去的伤痛。

在直面创伤经历之后，我们要仔细探究来访者的心境和健康状况。心理咨询师应让受创者再次评估直面创伤的沉重等级。我觉得这一点很重要，因为这样来访者自己也可以看到直面创伤阶段的疗愈效果。对于仅受过一次创伤的来访者，沉重等级应该降为 0~1；对多次受创的来访者，沉重等级只要降低 1 级就是进步。

直面创伤之后，建议心理咨询师留下充足的时间让来访者将这段创伤融入自己的经历。以我的经验，这个过程需要 2 周，然后才能做下一次直面创伤疗愈。总之，速度不能过快，因为来访者需要时间来战胜过往的经历。如果几周或几个月内要做数次直面创伤疗愈，建议每次间隔充

足的时间。因为如果让来访者密集地直面创伤，他们可能
会一直沉浸在过去，完全屏蔽当下，逐渐丧失"今日之我"
成熟部分的能力，越来越多地出现退行，我觉得这是不可
取的。要直面创伤经历的人不能抛弃与现在的联系。雅尼
娜·菲舍尔（Janina Fisher）是一位经验丰富的美国心理
咨询师，她曾说，疗愈的目的并不是直面创伤，而是维持
"今日之我"成熟部分的功能，我也这么认为。对很多人来
说，理清过去非常重要，而直面创伤经历可以帮助他们做
到这一点，但是如果代价是受创者丧失了在日常生活中的
能力，我觉得是得不偿失的。

我们再回到 N 先生的病例中：在之后的咨询中，他发现
自己还有一些没那么严重的创伤。我们分几次对此进行探索，
每次都间隔了充足的时间。因为他对"观察者"疗法的反馈很
好，所以我们决定沿用这种方式处理其他创伤。交通事故现
场经常让他倍感压力，使用"观察者"疗法处理其他创伤对他
应对工作中沉重的场景大有帮助。他越来越关心生命的意义，
并且清晰地找到了自己的定位。对他来说，给自己充足的时
间很重要，我们有很多次都是在讨论别的话题时，偶尔谈到
他的创伤经历。

很多医院和诊所都开设了艺术疗愈来支持人们更好地度过建立内心的稳定阶段和直面创伤阶段。艺术疗愈有助于清晰呈现受创者的内心画面，反映内在的状态和感受，让来访者在创作中进行自我探索和自我对话，同时可以非常有效地补充想象疗愈。第 4 章我们将介绍艺术疗愈的方法。

4
创伤疗愈中的艺术疗愈

苏珊·吕克

创造力是每个人心中的生命力。

海伦·巴赫曼（Helen Bachmann）

4.1 什么是艺术疗愈

我在以心理动力学的想象疗愈法为基础的艺术疗愈领域耕耘了15年，是时候做一个回顾和前瞻了。心理动力学的想象疗愈法对艺术疗愈工作有什么影响？艺术疗愈如何帮助来访者处理心理创伤，取得自我发展，建立并适应新的生活方式？

心理动力学的想象疗愈法这个概念，将我在艺术疗愈工作的重心转移到了统一与系统的资源导向方面。我对一些知名的艺术疗愈的主题、练习和心理干预做了修改，把注意力放在挖掘和探索来访者的内部资源上。我会在每次疗愈谈话中"量体裁衣"，为来访者"私人定制"符合其困难和需求的疗愈方案，在疗愈具有复杂性创伤的来访者时更是这样。我在后文中会列出一些具体的艺术疗愈练习，其中一部分练习有助于调节情绪，控制侵入性自我状态以及（自我）破坏性冲动，发展自我保护和自我关怀，学习尊重并爱护自己和这个世界，从而达到疗愈的目的。由于想象疗愈与艺术疗愈的工作重心都放在受创者内心的图像上，所以毋庸置疑，绘画和陶塑等艺术创作可以用在心理动力学的想象疗愈法中。长期经受压力会导致受创者将自己的感受和精力固定在负面经历中难以自拔，丧失原本在压力和资源之间摆动的能力，而这种能力恰恰是打造抗逆力和消化沉重经历的重要前提。因此，以艺术创作方式疗愈创伤时，首要工作就是创造并建立积极的平衡画面，让来访者有能力在沉重与愉悦的经历之间自由切换。

接受艺术疗愈的成人需要知道，图画创作是不需要学习的，所有人天生都拥有用图画表达自己的能力、可能性和需求。像学习说话和走路一样，用图画表达自己是人们与生俱来的潜在能力，是人们普遍拥有资源和自愈机制。用图画表达自己内心感受的儿童，会在之后的发展中将图画作为处理事情以及让内心和外界对话的工具。儿童在疗愈过程中可以通过游戏的方式、凭感觉和印象画出自己的经历，通过图画表达看法、需求和愿望，调节自己接触外部世界时不可避免的冲突。巴勃罗·毕加索（Pablo Picasso）曾说："每个小孩都是天生的艺术家，问题是怎样在长大之后仍然保持这种天赋。"和小孩一样，成年人也需要一个友好、充满鼓励的空间来发展自己的创造潜力，尤其需要一个不做评判的集体空间。很多来访者是在充斥着创伤和约束的环境下长大的，艺术疗愈让他们第一次拥有这种发展空间。甚至童年时期的他们被禁止用绘画的方式表达自己，因为图画会反映现实，而那个现实没有人愿意看到，或者不允许被别人看到。当成年的来访者在疗愈中要进行绘画创作时，他们很可能已经多年没有拿起过画笔，这一疗愈方式不是想让来访者学习新东西，而是想激活他们曾经拥有的资源。

在这个背景下，绘画过程其实是一个动态的、游戏性的寻觅与探索自我的活动。心中的图像瞬息万变，而绘画者捕捉刹那间的图像并付诸画笔，专注觉察自我，呈现自己的心像特征。我们通过具体的行动表达自己的愿望和想法的同时，也为自我效能提供了基础的经验。正如来访者在心理咨询师的指导下做的想象练习一样，要在头脑中按照自己的愿望和需求创造一切事物。在绘画的过程中，我们也要鼓励来访者按照自己的想法修改图画，比如用颜色涂盖、剪掉、覆盖、接着画等，不是为了完美而修改，而是为了顺应自己的心理变化而修改。

在我看来，在内心想象画面与用绘画呈现想象基本上别无二致。不善于用头脑想象的人，同样可以用绘画的方式表达自我。来访者将飞扬的想象付诸画笔，一幅图画宛若千言万语。图画同样可以被他人感知，与他人分享。有些人有一双"内在眼睛"，这双眼睛可以用来观察自己，但无法将其内在的复杂性用绘画还原出来，绘画更多的是一个连接内心画面的记忆锚点。在心理咨询师指导下做的想象练习，可以给来访者指明方向，推动绘画创作的过程；反之，将想象的主题通过绘画或陶塑呈现出来，可以帮助来访者专心觉察内心世界，促进其挖掘和理解内心的画面。有些人要将内心画面视觉化，才能将注意力集中于想象世界，他们自己的画作相当于其开启想象练习大门的钥匙。特别是，那些内心仍饱受过去创伤情境煎熬并无法掌控这些画面的来访者，很难在头脑中持续地跟进想象内容。绘画有助于这些来访者整理并分化自己凌乱的内心世界。

同时，来访者在绘画过程中会呈现一个作品，这个作品是在外部世界真实存在的，是可见、可触的，并且与情感和身体经验结合在一起。

特别是，在早期经历过创伤的来访者往往更需要感官体验，要在看到、触摸到之后才能更好地理解自己的内心。艺术疗愈是一种以体验为中心进而带动身体的疗愈方式。在创作的过程中，感官与身体的体验是身体、情绪及意识层面获得新内容、吸收新经验的基础。

来访者对内心图像的具象呈现，有助于其以"观察者"的角度观察并控制内心和外部所发生的事情。自己创作的作品既属于内心世界，也是外部世界的一部分，绘画者可以影响、决定、处理、改造并内化它。尤其是，对于那些在创伤经历中失去控制，在过去陷入无能为力状态的受创者来说，重新信赖自己的决断和行为能力无比重要。

当来访者体验到绘画可以作为自己的资源时，他们的作品将继续发挥视觉或触觉的记忆锚点作用。同时，他们的创作过程中还会加入积极的认知、正面的情绪和身体感觉。这样，绘画创作过程中积极的身体和情绪体验便会得到增强，并互相连接。

针对具有复杂性创伤来访者，心理咨询师可以让他们将自己的个人经历放入圆圈、方框或三联画等画面结构中，这

样的主题绘画对受创者非常有益，可以帮助他们规划整理凌
乱的内心，重新控制泛滥的意识内容，并抵抗对解离的恐惧。

4.2　艺术疗愈的练习和干预

下面介绍一些我在实际工作中采用的艺术疗愈练习和方
法。这些练习和方法以心理动力学的想象疗愈法为基础，在
过去几年的实践中屡试不爽，卓有成效。

本书收录的绘画创作有一部分是培训研讨会上的作品。
我特意选了一些能清晰反映疗愈过程中各个步骤的画作。在
此，我衷心感谢所有向我提供绘画作品的来访者和研讨会的
参与者。尤其要感谢我的同事贝亚特·富西（Beate Fuhsy）
在我选择练习和修订内容时给予我的帮助，她用自己的工作
经验，为这部分内容增色不少。

4.2.1　与资源建立联系：资源导向的闪光灯

"资源导向的闪光灯"这个艺术疗愈的练习可以让来访者
在自发表达当下的心理状态（一开始往往是无意识的）下，与
自己的内部资源之间来回穿梭。

这个练习门槛很低，我将著名的"绘画的闪光灯"练习

引申为"资源导向的闪光灯"。心理咨询师既可以在一对一心理咨询的开始做这个练习，也可安排在集体咨询的开始环节——"小组绘画心理状态"中做这个练习。下面我将逐步介绍。

练习：资源导向的闪光灯

邀请来访者从 10~12 色的颜料盒（例如彩色铅笔或粉笔）中选择 1~2 种符合自己当下心理状态的颜色。然后给来访者 3 分钟左右的时间，用所选颜色的画笔在纸上移动，并且最好不要中断，保持移动的流畅性。

在这个练习中不需要创作一幅画，只需在纸上移动画笔即可。约 3 分钟后，请来访者停下来，让其重新选 1~2 种颜色，这 1~2 种颜色必须是他目前特别喜欢、觉得舒服、感到有动力、有支持作用的。让来访者用所选颜色在同一张纸上继续移动，这次可以多给他一些时间。然后和来访者讨论所选颜色、所画图形及其肢体动作。这里谈话的重点是需要激活哪些资源才能应对并平衡不同情境下的心理状态。心理咨询师在引导中要注意，并不是每一位来访者都感觉不好。如果第一轮来访者感觉不错，其第二轮会继续选择支持自己积极心理状态的颜色。在讨论中，要让来访者意识到或在意识中强化自己的资源，然后让他用自己喜欢的颜色、方式和动作在一张新的纸上继续创作。如果来访者愿意，这时可以多给他一些时间，并且可以给他提供多种不同的材料。如果是集体咨询，来访者们可以相互借鉴，彼此启发，可以邀请他们参考其他人的创作，并将喜欢的元素加入自己的图画中。

绘画范例 ①

愤怒线团（图 1） 来访者选择用红色和黑色代表自己当下的心理状态。她用这两种颜色在纸上画了一个黑圈包裹着鲜红的"愤怒线团"。在第二轮，她选择了明亮的黄色作为有支持作用的颜色，并用这种明黄色在"愤怒线团"之外画了一个圈，将其包裹在中间。来访者在之后的谈话中讲述了自己被抛弃的孤独感以及折磨自己的愤怒感，"黑色的圆圈是一层

---

① 见彩色插图。

浓重的悲哀",压抑着自己的愤怒。她将黄色的圈联想为"人与人之间的温暖",如果她愿意,这种温暖可以帮她重新开始。来访者在第二轮练习中自发地与自己的能力建立了联系,限制并平衡了自己沉重的情绪,可以随心感受身边的亲密感和归属感。

螺旋光圈(图2) 在之后继续创作的图画中,来访者画了一个"螺旋光圈",在螺旋光圈中,她可以和周围的人互相用"能量线"连接。她在自己胸前的正中央勾勒了"愤怒线团",但是这里的线团比上一幅画中温和、柔软了许多,黑色的悲哀圆圈这时已"完全融化"了。

来访者在绘画过程中脱离了内心的隔绝状态,与自己的能力和周围的环境建立了联系。她给自己的绘画取了一个充满积极认知的标题——"我能接收并散播能量",她甚至可以清晰地体会到胸前有阵阵"暖暖、麻麻的"的感觉掠过。

光之所在(图3) 在之后的咨询中,来访者画了一幅内心的"光之所在",她想象自己可以穿过一扇门进入其中,汲取内心的能量,这个过程无关他人,只关乎其内心。

4.2.2　拾起内心的宝藏：被保护的海滩

安排主题恰当的艺术疗愈可以有的放矢地激活来访者内心的图像。艺术疗愈的主题既可以从想象练习中引导出来，也可以在一对一或团体咨询的谈话中慢慢挖掘。当来访者拿起一样东西，在练习中全神贯注觉察它时，可以保持自己与外部世界的联系，这件东西同时也是此时此刻的锚点，可以减轻来访者失去掌控感、陷入沉重画面的风险。因此，这个练习特别适合那些还在尝试从精神上控制自己内心画面的来访者。

练习：被保护的海滩

心理咨询师可以提供一些小物件或天然物质供来访者选择，给他一些时间，让他可以从容地观察、触摸这些物件。

然后请他选择一件让自己觉得放松并且喜欢拿在手里的东西。之后可以和来访者做一个简短的准备练习，让他把注意力集中在自己以及这件东西上，比如聚精会神地观察这件物品，觉察自己与大地的接触以及呼吸时身体的动作……

接下来，让来访者想象来到一个海滩，海滩上的所有生命都受到特殊保护：请你想象一处被保护起来的沙滩，这片沙滩从未有人涉足，你是第一个踏入其中、闲庭信步的人。你在沙滩上发现了这件东西，你是第一个发现它的人。你将它捡起来，用双手捧着，仔细研究。你可以从各个角度观察、触摸它，感受它的表面、它的温度、它的气味，它的声音。这件东西的哪些特点让你觉得它是独一无二的？它和世界上其他东西有什么不同？它有什么特质很吸引你，让你觉得放松？你喜欢它什么，为什么选择它而不是其他物品？如果你现在可以给它取个名字，你会叫它什么？你给它想的名字可以是虚构的，可以是一个音节、一个声响或一个闻所未闻的词语。这个东西从哪个国家、哪个地区来到你的身边？它是从哪个时代来的？它到这个世界上是要完成什么使命吗？它为什么在今天出现在你的眼前？它对你的个人发展和个人疗愈过程有什么话要说吗？

> 你可能一下子找不出所有问题的答案。这个练习可能建立了你与它的第一次接触。如果它可以在之后的绘画过程中继续陪伴你、带给你灵感，你会再次与它建立心灵的联系。如果你愿意，它会逐一解答你的问题。

绘画范例

熠熠生辉的魔法球（图4） 来访者选择了一颗玻璃弹珠，并在绘画中将其变成了一个魔法球。在魔法球的帮助下，她能驱散遮蔽自己憧憬未来的沉沉雾霭。在《阿瓦隆的迷雾》①中，女祭司用魔法升起层层迷雾，撩起了被隐藏的阿瓦隆的面纱。来访者借鉴这个故事把自己画成身着祭司黑袍、站在山崖之岛、手拿魔法球的形象，她将其对准弥漫在海面上的雾霭，用魔法驱散这如烟如滔的迷雾。这颗珠子成为整个疗愈过程中重要的陪伴者，来访者觉得它是内心智慧的象征，可以和它对接，请它答疑解惑。

愿望之树（图5） 另一位来访者选择了干树皮，在创作

---

① 《阿瓦隆的迷雾》（*The Mists of Avalon*）是美国女作家玛丽昂·齐默·布拉德利创作的一部奇幻小说，1982年在克诺夫出版社首次出版。

中把它想象成一棵大树。她从小背井离乡，这棵大树让她想到了自己家乡的习俗。在她的故乡，女性会把红丝带绑在村庄墓地里一棵大树的树枝上，祈求实现自己未来的愿望。一只鸟会把这些愿望带入云霄。大树下、埋葬死者之处长出一株鲜红的玫瑰，这株玫瑰知道"女性需要刺来保护自己"。来访者从小被迫离开自己的家庭，每每想起这些都悲从中来，她通过干树皮，在心灵上和自己的资源、童年及原生家庭产生对接。在之后的疗愈过程中，她画中的鸟成了她的"精神协助者"，这棵树是保护和安全感的象征。至于这枝玫瑰，她想象自己将花枝斜插在云鬓边，玫瑰是她的女性之美和找到理想伴侣的象征。

4.2.3　自我镇定与自我安慰：寻觅内在安全之所

本书中介绍的想象练习都可以用来激发美术创作。想象"内在安全之所"就是一个例子。心理咨询师在准备阶段要提醒来访者，内在的复杂性无法用美术创作还原，绘画更多的作用是一个连接内心画面的记忆锚点。

特别是，那些内心还不稳定的来访者，可以将想象的内容同步讲述给心理咨询师，通过绘画和陶塑等方式寻找内在安全之所。这样来访者首先会掌控突然闯入自己内心的沉重画面，通过适当的行为打断或停止这些画面。

用美术创作的方式寻找内在安全之所能增强自我效能感。创作的作品可以作为视觉及（或）触觉的锚点，帮助来访者寻找内在安全之所。我们可以从这个练习中选择几个角度作为绘画练习的重心（参见下面的引导）。

来访者找到内在安全之所后，可以在疗愈中重塑内在安全之所的日常生活情景。心理咨询师可以问：如果你有了内在安全之所，经历创伤的"过去之我"在里面受到很好的保护，那这个问题或冲突要怎么改变转换，才能让"今日之我"解决它呢？

练习：寻觅内在安全之所

从各个角度和来访者探讨所做的练习，将其作为创作的入口，比如：哪些颜色让你觉得特别温馨和放松？请创作你内在安全之所的颜色氛围。

你希望哪些东西可以出现在那个地方？

想象练习中谈论的所有角度都可以作为创作的重心：内在安全之所的边界（保护程度）、地形、空间感、生灵（协助者）等。

如果来访者觉得这个内在安全之所不应该让外界看到，可以创作一个运输工具或钥匙作为视觉和触觉的锚点，让自己看到或摸到它们便能轻易进入安全之所。

可以通过下面的问题引导来访者创作。

你如何进入内在安全之所？

从内在安全之所带什么回来，能让你时刻保持与那个地方的联系？（一株小草、一朵花、一块石头或某个物件等）

当你回到内在安全之所时，最先觉察到的是什么？

你可以问如下的问题作为反馈。

还有什么是你现在这个创作过程中缺少的吗？有什么是你想补充的吗？作品中还有干扰你的元素吗？有你想删掉的东西吗？

来访者可以通过颜色涂盖、剪掉、覆盖、补充绘画面积，或在下一张纸上接着画等方式修改自己的作品。

绘画范例

鸟巢（图 6） 在这幅作品中，来访者用碎布头、礼品包装丝带和羽毛给自己"内心的小孩"做了一个温馨的鸟巢。她用一个小娃娃象征"内心的小孩"。

大树（图 7） 内在安全之所的各个树洞中分别藏着"过去之我"的各个部分。每个自我部分都受一个温柔可亲的小矮人妈妈照顾和关怀，她们就是完美的精神协助者。

为内在安全之所编的毛毯（图 8） 来访者用毛线编织框架做了一条毛毯，并将其看作连接内在安全之所的视觉与触觉的锚点。来访者把毛毯放在包里随身携带，只要看到或触摸到它，自己的思绪就可以回到内在安全之所。

4.2.4 获得距离感：赋予"内在观察者"形象

对本书中所讲的"观察者"练习，有一个非常有用的方法：来访者可以画出一个观察者的形象，它象征并代表持中立态度观察内在与外界的能力。在疗愈过程中，很多受创者和参加培训的人都发现，这些形象不只客观记录已发生的事情，它们温柔友好，观之可亲，既没有卷入内外错综复杂的纷扰，也不是自己人格的一部分，它拥有内在智慧，能给人建议。如果来访者在建立内心的稳定阶段，学会通过"内在观察者"以及内观的"对话"澄清、理解并解决日常生活中的问题（这些日常问题往往是触发器，能让来访者想起还未消化的早期创伤经历），那他们不仅掌握了一种非常有效的工具，也满足了之后进入直面创伤阶段所需的基本前提。有的来访者可能由于目前的压力和沉重情绪，陷入反应过度或反应不足的状态，以至于无法思考、整理并用语言描述自己经历的事情，但一般来说，"内在观察者"在这种情况下是有这种能力的。

> **练习：赋予"内在观察者"形象**
>
> 你可以在艺术疗愈中使用一些动物卡片，它们也许能激发来访者想象一个拥有抽离能力的形象。这个形象可以让来访者友好又中立地观察内心与外部发生的事情。来访者常常会选择老鹰、乌鸦、猎鹰、猫头鹰等，因为这些鸟类天生具有更高的视野，它们翱翔天际，栖息在高高的树枝、塔楼或山顶，可以俯瞰众生百态，静观人间万事。来访者找到了这个形象之后，可以把它画出来或用陶土塑造出来，这能在极大程度

上帮助他们熟悉本书前面提到的和"内在观察者"的对话。在有需要的时候，可以随时激活这种状态：关于这个情况，老鹰知道什么吗？它知道什么方案能帮你解决问题吗？

绘画范例

老鹰、猫头鹰与蝴蝶（图9） 这幅画展示了一个来访者的"内在观察者"，它拥有老鹰、猫头鹰和蝴蝶三种形象。老鹰可以感受外界，来访者想象它盘旋于空中，俯察正在发生的事情；如果需要知道内心所想，可以问心中的蝴蝶；如果需要智慧的建议，就让猫头鹰落于肩上，在耳畔低声告诉自己。

这位来访者向我咨询时，内心情绪起伏不定，她也不知道自己为什么陷入这种状态。而老鹰这个形象则帮助她很快看清局面：俯瞰的老鹰可以客观地向她描述触发她伤痛的情境（在案例中是指让来访者出乎意料又极不情愿的身体接触）；心中的蝴蝶可以"内观"并且不带情绪地告诉她是什么引发了目前的情况（早期心理安全距离被侵犯）；肩头的猫头鹰建议来访者，未来无法避免与他人接触时应适当保护自己，口头和对方划清界限。此外，老鹰还能客观地讲述不久前发生的事情，来访者曾明确说"不"，以此保护自己，她在疗愈中通过老鹰才第一次意识到自己的这个经历。

4.2.5 调整强烈的情感：坚固的框架

和前面介绍过的"调控器"想象练习一样，用画框创作的目的也是要来访者能用克制和冷静的方式表达强烈的情感（如恐惧、愤怒、悲伤）和沉重的感受（如无力感、羞愧感、负罪感）。来访者通过外在的创作表达内心的感受，能舒缓情绪、让头脑清晰。同时，来访者有掌控权，可以整理并分析至今依然强烈的情绪。用画框创作对来访者掌控喜悦、爱、活力和幸福等积极感受也非常有帮助，这些积极感受同样会让来访者陷入令人不适的反应过度状态。

练习：坚固的框架

首先在一张厚纸板四周做一个框架。这个框架要非常结实，像坚固的箱子那样能"盛住"来访者的情感。来访者决定框架宽度的同时就确定了内部纸张剩余可绘画面积的大小。也就是说，来访者自己决定留多少区域用于内容创作，同时，画框的颜色、宽度和厚度也由他们自己来定，来访者对此是有掌控权的。绘制框架适合用粗画笔以及强度高、浓度重的液体颜料（如水粉画，蛋彩画）。如果来访者的情绪非常强烈，建议用油画棒或蜡笔，因为这两种画材比较坚固，适合作支点，也更能承受来访者绘画过程中施加的压力。当检查完画框的结实和坚硬程度后，来访者有多种方式在画框内部区域创作，他们可以带着情绪抒发自己的强烈情绪，也可以将自己的画作为表达压力和沉重情绪的象征。

还有一种处理沉重情绪的方式，就是把画框区域和画框的内部当作对立和平衡。让绘画者首先选几种颜色代表自己的情绪，然后选择与之对立的颜色。比如，来访者选择红色和黑色代表愤怒，那么作为其对立色的蓝色和绿色则让来访者联想到清晰、距离、坦然和冷静。

第一步，来访者要确定压抑着自己的沉重情绪是相对的、有局限性的，然后把对立的颜色画入画框。

第二步，来访者可以将自己沉重的情绪画在框架内部。画的时候既可以用抽象的形状和颜色表示情绪，也可以靠移动画笔表达自己的冲动（推荐坚固的蜡笔，可以让来访者快速有力地移动，也能传达稳定牢固的感觉）。

来访者绘制画框内部时，也可以参照"屏幕"疗法，有意识地抽出自己的精力和情绪，选择更有距离感、没有那么强烈的颜色和材质，比如彩色铅笔，或完全滤掉色彩，用铅笔创作。绘画者可以抽象表达沉重的情感，或者用一个形象，让情绪有一个清晰的外形，感觉是"可以控制"的。

绘画范例

坚固画框内的冲动抒发（图 10） 来访者在第一步选择用绿色来绘制画框，她用油画棒画了一个很宽的框架，她觉得这样才足够坚固。第二步，她带着愤怒的情绪通过快速有力地移动画笔抒发自己的冲动。

坚固画框内的象征表达（图 11） 下一个来访者同样选择用绿色作为画框的颜色。她在画框内画了一只手象征她对反

复与施害者联系的恐惧："（施害者的）手在抓我的心。"在之
后的画作中，她把自己的心放在了安全的地方保护起来，使
别人无法入侵："现在我能保护自己，也可以寻求帮助。"

4.2.6 与沉重情绪保持距离：可开可闭的"柜子"（"保险柜"）

如前面介绍的"保险柜"练习，来访者可以把让自己忐忑
忧心的负担暂时"放进去"。来访者同样可以自己绘制一个能
打开也能关闭的柜子，练习如何"存放"创伤记忆。特别是，
对于早期经历过创伤的来访者来说，创作这样一个柜子可以
帮助其从精神上发展抽离创伤事件的能力。具体的创作方法
五花八门，不可胜数：来访者可以绘制平面画，可以创作（用
陶土）立体塑形，也可以制作一个类似保险柜的箱子（用硬纸
板）。尽管里面"装"的是令人不安的内容，但是用各种方法
创作出来的作品应该都具有舒服、和谐的外形。这个保存创
伤记忆的柜子是日常生活和疗愈过程的辅助工具，并且来访
者在之后的疗愈过程中还会用到这些暂时被"封存"起来的重
要经历。心理咨询师要尊重来访者过去的沉重经历，它也是
来访者生命中的一部分，同时要尊重通过这种经历发展出来

的资源，这是艺术疗愈过程重要的组成部分。

如果来访者没办法与过去沉重的回忆保持距离，想象保险柜也不起作用，很可能是因为他们把存放伤痛的"保险柜"想象成了"幽暗的地牢"或"垃圾堆填区"，这个"保险柜"就让来访者感到不舒服，让受创伤的"过去之我"感到恐惧。

下面举例介绍如何创造愉悦和谐的氛围来处理沉重的回忆。

练习：可开可闭的"柜子"（"保险柜"）

来访者在与沉重经历和压力保持距离时，可以把上面说的画框当成俯瞰角度的"保险柜"的四边。第一步，来访者在画框内部绘制伤痛与沉重，内部被画框包围，可以看成是放入"保险柜"的象征。第二步，来访者在一张新的纸上画上一个憧憬，然后覆盖在"保险柜"上。来访者所画的憧憬在某种程度上就像有机肥料，供给其生长所需的养分，改善其身心状态，帮助其消化伤痛。第三步，重新拿一张纸覆盖在"保险柜"上，当作盖子，象征把柜子关上。

此外，来访者可以用三联画的样式设计一个舒服和谐的"档案室"，当两翼的画纸折叠在一起时，正好完全掩盖住中间的画纸。首先将"档案室"的入口画在两翼折叠后的外侧，即档案室的门是什么样的？是什么材质？怎么开启和关闭？（这个门将"档案"与外界隔离，是练习的重要组成部分，在来访者和伤痛保持距离中起中心作用。如果来访者要将什么经历放入"档案室"，门的开启与关闭分别象征着整个过程的始和终，这样他们可以全神贯注地感受身体中哪些负担被存放了进去。）第二步是设计"档案室"的内部。来访者可以画出各种用来存放沉重回忆的容器（比如柜子、架子、盒子等）。最开始他们可能不加区分，将记忆中的沉重经历都储存在一起。随着疗愈过程的深入，"档案室"的构造会越来越清晰，更方便来访者分门别类。内心和外部需要处理和消化之处如一个个"建筑工地"，来访者通过对其整理、分类、归档，获得更多的掌控感。"档案室"的分类工作应该只在每一次咨询过程中进行，方便心理咨询师向来访者提供适当的帮助。来访者在给"档案室"每个"抽屉"命名时，需要取非常中立、不带个人感情色彩的名字，以防它们触发来访者对创伤经历的回忆。

绘画范例

第一步：坚固画框内的闪回（图 12） 在这张画中，来访者在画框内创作了闪回。来访者选择了"冷静的蓝色"绘制画框，用铅笔抽象描绘了闪回，完全过滤色彩象征情绪的抽离，"缓和"了闪回的恐怖。

第二步：美好的憧憬（图 13） 在这一步，来访者在一张新的纸上写下了自己的愿望："希望生命中不能承受之重变得轻如鸿毛。"然后把它覆盖在"闪回"之上。

第三步：盖子（图 14） 来访者在第三张纸上画了一个盖子，并用是否挂锁象征开与闭，用金黄的颜色代表盖子是金属材质，非常坚固。

档案室外观（合起来的三联画，图 15） 来访者特意用花朵装点"档案室"的门。她说："档案室可以帮助我，应该是美好的地方……"然后画了门闩将其锁起来。左侧的脚印代表这里是入口，右侧的脚印象征她存放完负担之后离开。

档案室内景（打开的三联画，图 16） 作为"档案室"内部，来访者在三联画的左翼创作了一个有三个抽屉的柜子来存放童年的创伤经历；在中部画了一个由五个彩色抽屉组成的带轮子的大柜子，用来装日常生活或工作中的冲突、纠纷等；三联画的右翼画了一个由四个抽屉组成的蓝色柜子，来访者用它来安置自己对未来的恐惧（对分手的害怕、对失业的担忧等），并且标记了"1""2""3""4"，来增加距离感和掌控权。

4.3　艺术疗愈中的内在舞台

4.3.1　与"过去之我"建立亲切的联系

C 女士 57 岁，在确诊为多发性骨髓瘤之后来到了我的咨询室做心理疗愈。她大约在 40 年前住过精神病院，她患有抑郁症、惊恐发作症、躯体化障碍、失实症和人格解体障碍。就在她确诊为癌症前不久，她女儿离开家去上大学，搬到了另一个城市。C 女士有过一段短暂的婚姻，离婚之后和女儿一起生活，30 年来一直在工作。她对女儿的爱、对工作的热情以及她自己的信仰，是她重要的精神支柱和资源。她 84 岁的母亲有时一天要给她打多次电话，她一方面对此十分反感，另一方面又从中获得了支撑感和安全感。自从女儿搬走后，C女士越来越觉得生活没有意义，孤独感也越来越强，还总担心病情会危及生命。我在和她接触时，首先感觉到她对癌症的态度时而逃避时而否认，她非常恐惧死亡，特别害怕自己要住院。

在她所绘的图画中，癌症在下面三个形象之间轮换：一只长满刺的黑龙、死神和一个笨拙庞大的提线怪物。C女士小心翼翼地和这几个形象建立联系，尝试与它们"对话"。那个提线怪物说："我是悬丝傀儡。自己寸步难移，心驰神往之地永远可望而不可即；我有手，但心有余而力不足，只能望洋兴叹；我有思想，但思想在体内游荡，屡屡阻碍我体验幸福；我睁不开双眼，所以看不到目标；我郁郁寡欢，黯然神伤，所有美好都在我身后销声匿迹，也许根本没有美好，也许未来我也将在无尽漆黑中惨淡度日。可能无人喜欢我，所有人都将我抛弃。"另外，那个带刺的黑龙阻止她关心自己，并且封锁了她接近自身资源的路。（她画了一棵开花的树来象征其资源）："它横卧在路上，身体里有块很重的石头，没办法起身……就像《大灰狼和七只小羊》里面那只恶贯满盈的大灰

196

狼……"（在童话《大灰狼和七只小羊》中，为了惩罚大灰狼吃掉了小羊，羊妈妈和其他小羊在它肚子里填满了石头）C女士下意识地觉得她的癌症就是对自己做错事的惩罚。她想象与自己的内在智慧建立联系，然后她向内在智慧询问自己生病的意义，有个声音对她说："你要融化一些东西，让它们变得柔软……你要开放本心，这就是你生病的意义。"

来访者把自己的出生描述成一次"战争事故"。她的父亲是在战争期间休短假时和她的母亲结婚的，双方几乎没有机会了解对方。母亲在雪花纷飞和炸弹警报中生下她。后来母亲被疏散，一年之后才回到娘家。因此，她画了一个和蔼可亲的小矮人妈妈作为这个刚出生的婴儿的精神协助者（图17）。

5岁前，她在母亲、姥姥和姨姨（母亲的孪生妹妹）的关怀下度过了一段幸福温馨的时光，但在父亲作为战俘从战俘营回来后，一切都改变了。在战争中父亲身心受到重创，她感觉父亲是一个陌生、有威胁性的入侵者。C女士说："我特别怕他，恨不得让他马上消失。"她母亲很可能也是这样想的。她父亲有战后心理综合征（创伤后应激障碍的一种），性格反复无常，令人捉摸不透又难以亲近，让她十分恐惧。之前她和母亲睡一张床，现在她要把位置让给父亲。但是她的床也在父母的卧室里，因此她看到过父亲半夜发病时的压抑和难受。父母之间的关系也非常紧张。不久后，母亲不情愿地怀孕了，生下了一个比她小 4 岁的弟弟。从这时候起，她更加强烈地感受到了"强硬和冷漠"。她母亲对她感情冷淡，强硬地发号施令，并且控制她的一举一动，她感觉家庭的氛围"一度冰冷下来"。

C 女士给这个孤独而恐惧的"5 岁小孩"找了一个树洞作为安全之所，同样由一个温柔亲切的小矮人妈妈照料（图 18）。

关于憧憬中的完美父母，她想象的是周日早晨和父母躺在一张大床上，在他们身边感受温暖，就像父亲从战俘营回来之前，她和母亲还有姨姨度过的那段时光一样（图 19）。在疗愈过程中，她借助家庭相册与自己 5 岁之前无忧无虑的快乐时光建立了联系。另外，她通过阅读关于经历战争和战后一代人的文献资料，开始了解父亲的经历，第一次感受到了对父爱的渴望。

在疗愈过程中，C 女士发现自己有多个受创的"过去之我"部分，需要给她们提供安全之所。她想象了一棵有不同树洞的大树，每个"过去之我"部分都可以在树洞里得到温馨的庇护，内心的小矮人团队会给她们温柔的呵护。

在她 9 岁时，弟弟因感染了白喉毒素去世。母亲也因白喉棒状杆菌感染住院治疗。小小年纪的她要一个人在医院的感染科隔离 3 周，隔离期间不能和家人有任何联系。她回忆说，记得那 3 周之内唯一和她有联系的是一个穿黑衣服的陌生牧师（见上文的黑龙、死神）。黑衣牧师的出现让她恐惧极了，她担心自己也会死去。她描述道："我的身体当时是僵硬、麻木和冰冷的，我想哭，想大叫，但是我做不到……我想要妈妈，但是她不在。"几天前，在弟弟刚去世时，她见过一个黑衣牧师来到家里，之后她就被关进了医院，没有人向她解释为什么这么做。弟弟在世时，姐弟二人一直是竞争对手，她甚至默默希望弟弟"消失"。后来弟弟真的死了，她觉得自己是凶手，作为惩罚，现在轮到她偿命了。

来访者给"9 岁女孩"安排了一个小矮人在病床旁边保护她，小矮人会阻止陌生的牧师走进病房。之后，"9 岁女孩"会住进自己的树洞，那里有能把她抱在膝盖上，耐心给她"讲事情的来龙去脉"的完美的儿科医生（图 20）。此外，"9 岁女孩"还能得到一只"软软的白色毛绒玩具"安慰自己。借助绘画和"屏幕"疗法，C 女士成功做到了直面弟弟的离去和自己在医院隔离的创伤经历。这一点特别重要，经过直面创伤后，她对医院的恐惧减轻，心理负担也减轻了。

17 岁高中毕业前夕，她即将搬出父母家。这个时候她谈了人生第一次恋爱，感受到了从没有过的内心自由、生命力以及人与人之间的情感联系。同时，她也非常害怕与母亲分离。那段时间她总是半夜惊恐发作，如果没有母亲，她没有办法一个人睡觉。在医生的建议下，她在精神病院住了半年，接受电痉挛疗法①的治疗（见上文的提线怪物）。对于这段经历，C 女士只有模糊的记忆，她记得自己当时"与外界切断了联系，感觉自己不在身体里，和自己有很深的疏离感"。她那时多么想和同学、朋友、老师联系，但是她在精神病院的那半年，那些人从来没有看望过她，她重回学校后，也没有人谈论她不在的那段时间的事情。于是，17 岁的她越来越孤僻，当时只有初恋男友给她安慰，偶尔去医院看她，那段感情维持了 4 年。来访者将 17 岁的自己和男朋友度过的快乐时光描绘出来，还想象同学们都去医院看望她（图 21），还在对话框中写道："我们很想你！""你什么时候回学校？我们都急切盼

---

① 电痉挛疗法（Electroconvulsive therapy，ECT）也称电休克疗法，指经由电击脑部来诱发痉挛，以治疗精神疾患的疗法。

着你快回来！"

这是 C 女士第一次感觉想与当时的老师和同学建立联系，以此补充并审视自己的回忆。来访者把和初恋男友在一起无忧无虑、享受生活的时光（图 22）绘制在树的顶端，占据画面的最佳位置，这是她重新拥抱感情的动力。

和初恋男友分手后，C 女士遇到了自己后来的丈夫，并试图借他缓解与初恋男友分手的痛苦。她很快意外怀孕了，在父母的反复催促下，两人奉子成婚，但"并不相爱"。她的儿子天生畸形，剖腹产出生后几个小时就离开了人世。等她从麻醉中醒来时，儿子已经"凭空消失"，她连小孩的面都没见到。之后好多年，她眼前总有"恐怖的画面"不断浮现，时而是婴儿的样貌，时而是儿子的魂归之所。她之前并不想要小孩，这让她在这个时候再次感觉自己要为儿子的死负责，认为自己是害死儿子的罪魁祸首。在这之后的婚姻生活中，C 女士不断服用高剂量的抗抑郁药物来抵抗自责带来的痛苦。

后来她女儿出生，来访者形容这是她人生中最大的幸福。直到这时，她才有勇气和丈夫离婚。C 女士通过为儿子祈祷、给逝去的儿子写信来寄托哀思，同时发展对那个"24 岁年轻妈妈"的自我同情心。她将一颗心放在树根处一个柔软的苔藓床上作为儿子的象征,儿子也有一个亲切有爱的小矮人妈妈保护他。

C女士将各个树洞的绘画做成了一幅壁画(图23),上、下分别用一根树枝作画轴。这幅壁画在她房间挂了很久,她想提醒自己,内心各个"过去之我"也需要"今日之我"的爱心、关怀、安慰和同情。

4.3.2 拯救经历创伤的自我部分

K先生与我进行了4周心理咨询,在这之前,他曾因职业倦怠综合征和抑郁发作在康复诊所接受过治疗。K先生每天早晨都感觉非常疲倦,情绪低落,没有动力,这种状态使他毫无工作热情。这一切的重要起因是他自己的房子完工后,母亲搬去和他同住。还有一个原因是,他所在的公司新来的一位女领导无论是外表还是行为方式都和他母亲十分相似。在康复治疗中,他第一次意识到童年时遭遇暴力的经历给自己留下的阴影,因此医生才推荐他做心理咨询。K先生约在进行创伤疗愈的2年前,曾长期因抑郁没有社交生活,他曾尝试在一张大画布上用油画表达自己的内心经历。当时绘画虽然极大地减轻了他的思想负担，但是之后的两年，总是看到自己房间有这样一幅画靠在墙上让他特别不舒服。之后他不再向任何人展示这幅画，也不想对别人提起它。我请他把画包起来。K 先生后来告诉我，把画包起来让他轻松了很多，他也不明白过去两年他为什么从来没有想到把画遮住。

这幅画描绘的是 6 岁的他在面对易怒、嗜酒、有暴力倾向的继父时，紧紧蜷缩在黑暗的角落（图 24）。

他 3 岁时，母亲嫁给继父，继父常常控制不住自己的火爆脾气。直到画这幅画的时候，K 先生才意识到继父给他留下的童年阴影对现在的他有多大影响。每次继父粗暴地对待他时，母亲都坐在沙发上看电视、喝酒、抽烟，完全置身事外。K 先生也是在画画的时候才重新回忆起，母亲那时竟然在同一个房间内袖手旁观。母亲只爱花，她自己逃到"美好的世界"中，经常谈论花，她可能觉得与其加入家庭喧嚣，不如与花朵愉悦相守。K 先生小时候必须把自己变成"透明人"，不敢把别人的注意力引到自己身上，他觉得这样做很"危险"。

我提的问题让 K 先生意识到图画右上角还有一个"白云小洞"——他内心的逃离之所，让他在父母的客厅里也能有一方净土，必要的时候心灵可以脱离现实斗争，进入一个美好的世界。

我建议让这个"6岁的小孩"远离父母的客厅，这个主意让K先生如释重负，他毫不犹豫地剪下了角落里蜷缩的小孩，让他远离创伤之所（图25），然后准备重新画一幅画，给他寻找一个安全之所。K先生之后4次来咨询室，每次都非常积极，很用心地给"内心的小孩"创造这样的安全岛。每次咨询的间隔期，他也经常和内心"6岁的小孩"深入对话，了解"他"的需求。

他创作了高山牧场的茫茫草地（图26），"小孩一个人置身仙境，远离他人的排挤、威胁和嫌弃，没有人把他关起来，他是自由的"。K先生在和"内心的小孩"对话时了解到，在碧绿的辽阔草地上，他还需要一个山间小屋遮风挡雨，孤苦无依的小孩需要一个仙女来照顾和安慰。自己掌控人与人之间的距离这一点对K先生来说很重要，所以"精神协助者"应该留在小屋外，而小孩可以随时叫她。如果房子里有其他生灵，他会感觉有压迫感。之前碍于继父的要求，他们家很少开暖气，K先生小时候常常被冻得瑟瑟发抖，所以火炉（画中房子左边的墙上）是小屋中最重要的设施。至于房间内其他的布置，K先生想等之后慢慢去想。

K 先生和其他人接触时，总是因别人对自己有很大的期待而倍感压力，久而久之更加孤僻。"因为我怎么也达不到这些期望"，K 先生说。他在疗愈过程中创作了一幅带画框的画（图 27），他为画框选择了明亮鲜艳的颜色，代表"自由"和"自主"，在画框内部的区域，他画了自己内心的压力。

来访者在与这幅画建立联系，对接自己"我自由了""我可以决定自己"等积极认知时，他感觉脊椎挺了起来，并且体会到了呼吸的轻松。

K 先生结束了心理咨询，他深信"今日之我"能鼓起力量和勇气来改变家庭、工作环境以及自己的需求。

4.3.3　改变人格部分

S 女士再次接受了心理咨询。在过去的心理咨询中，她成功让自己内心各部分分裂的人格有了共同意识，并且可以和平共处，这让她的日常生活能力和生活质量得到了明显的改善。自从她有了小孩，脑海中便有一种想法不断袭来，她总是想伤害小孩，感觉自己必须要折磨他。S 女士说，她通常能控制自己的行为，到目前为止她还没有给小孩带来丝毫损害，但是她非常害怕这种冲动会越来越强烈，直到有一天自己控制不住，没办法将小孩抚养大。S女士非常恐惧失去自己的小孩，同时，这种想法和冲动让她有深深的羞愧感和负罪感。

来访者把给她"输送"这种想法的人格部分描述为"可怕的黑色怪物"，并且其他人格部分，包括"今日之我"都非常害怕这只怪物。我们后来讨论了这个人格部分的产生及其之前起到的作用，S女士轻松了很多。她说这个自我部分只是"穿着怪物服装"，并不是真的怪物，所以她燃起了希望，期盼可以改变这个自我部分，不会失去小孩。很多童话中的女主角都靠一袭衣装变身，换装之后她们的身份和使命也随之改变。为了让这只"怪物"也能换套衣装，摇身一变成为其他角色，我们要先给它起一个中立的名字，这个名字不能和它目前的角色挂钩。来访者在明白这个自我部分过去曾经发挥怎样重要的作用后，觉得"危难救星"这个名字非常合适。此外，还要给这部分创造一个内在安全之所，为"怪物"的改变提供稳定的基础。疗愈中和管理日常生活中的"今日之我"的成熟部分害怕和这个部分接触，担心会受其牵制，脑中充满破坏性的信息而无法自拔，"今日之我"要感受自己的这种恐惧。想在面对"怪兽"时不至于失控，首先要和它保持必要的距离，和它的"交流"只能通过"会议电话"进行。我建议

S 女士创作一组可开可闭的三联画作为这个自我部分的安全之所。在她需要与之保持距离的时候，可以随时把三联画闭上，这让来访者放松了不少。她和"危难救星"约好：在来访者的日常时间，它就在自己的安全之所待着；在来访者接受心理咨询时，再把注意力都给它。她在三联画的外部画了安全之所的入口，那里由一只老虎把守，只有自己的手印可以开启大门（图 28 ）。

三联画的内部（图 29 ）有暖气，这是最重要的，还有一个永远不会空的冰箱以及明亮的灯光。这是因为 S 女士在童年和青少年时期经常被关在灰暗的地下室，饥寒交迫，受尽冷落。

三联画的左翼是一间"情绪宣泄室"，这里四周都装了软垫，还有一个用来发泄情绪的沙袋。S 女士在三联画的右翼先设计了一个空的衣柜，等给它找到合适的新装之后可以放进去。三联画的中部是会议电话，"危难救星"可以通过电话与其他人格部分联系。等所有需要的东西都齐全了之后，来访者才敢把"自己"画进去。她特别意外，这个想象中强大的黑色形象在画中竟然是一个"很酷的 16 岁少年"。

之后我们谈话的重点是要尊重这个"16 岁少年"已经有

的能力（警惕、力量和勇气）。来访者在网上看了很多有关武术大师的资料，选择了一套武术服作为新衣装。"16岁少年"得到武术大师作为精神协助者，向他学习如何适当保护受创伤的自我部分。来访者把新衣装放在衣柜里，让"危难救星"可以随时换上新装，想穿多久都可以，而且旧的衣装也可以保留着，直到不再需要。就算旧有的防御策略（旧的衣装）如今不再起作用，但在危难情况下它仍能提供安全感。来访者首先要尝试让"危难救星"在旧模式和不确定的新模式之间探索，找到新的平衡，削弱破坏性的威力，并转换成有建设性的力量和影响。来访者和"危难救星"建立信任还需要一定的时间和心理支持，但是总有一天，"危难救星"新的角色和使命会被固定下来，成为受创伤的"过去之我"的保护者。

5
接纳自己的过去并融入自我

希望并不是乐观主义。

不是相信这样做会有好的结局，

而是坚信，

这样做是有意义的，

不管最终结局如何。

——瓦茨拉夫·哈维尔（Václav Havel）

要接受一段创伤的经历并不容易。有人说我们每个人或多或少都有创伤的经历，因此不必哭天抢地，逢人便诉说自己的不幸。就算这话有道理，我们还是想悼念那些带给我们伤痛的事情，只有这样我们才能接受它。

下面我会介绍一些用想象来帮助完成整个哀伤过程[①]的方法。之前我曾借《灰姑娘》这篇童话描述整个哀伤过程，这次我想用其他方式记述这个过程。此外，我还会讲一些练习和想象的画面作为普通心理疗愈的补充。

[①] 美国心理学家伊利莎白·库伯勒-罗斯（Elisabeth Kübler-Ross）在 1969 年出版的《论死亡和濒临死亡》（*On Death and Dying*）一书中提出"哀伤的五个阶段"：否认—愤怒—协商—沮丧—接受。

5.1 给悲伤一个形象和空间

英格·武特（Inge Wuthe, 1995）写过一则优美动人的童话——《惆怅落寞的哀伤》①，在这个故事中，哀伤是一个垂头丧气、双眼无神的老婆婆。因为所有人都不想要她，所以她蜷缩起来，怅然若失。后来"希望"遇见了她，把她拥入怀中，安慰她，告诉她，如果感到难过就哭出来。同理，来访者也可以这样对待自己心中的哀伤。

我们也可以想象之前提过的"房子"，每种情绪都有自己的"房间"。哀伤也应该有自己的"房间"，也许我们应该将其布置得格外舒适温暖，好让自己造访哀伤时不再感觉难过。

鉴于很多人害怕哀伤，所以我们更应该主动"拜访"它，而不是等它找上门来。也许这种"拜访"首先只能在做心理咨询时进行，之后才能让来访者渐渐尝试独立完成。

至于绝望等其他与哀伤过程紧密相连的情绪，我们都可以赋予它们形象，并给它们提供"房间"。

我们可以先从"门外"观察问题情绪，不需要马上进入

---

① 原书名为德文：*Das Märchen von der Traurigen Traurigkeit*。

它们的"房间"。随着时间推移，我们逐渐熟悉这些情绪，然后再鼓起勇气"登门拜访"。

这是一种谨慎地接近问题情绪的方式，使用这种方式，来访者不会苛求自己、不会让自己感觉力不从心，或者反被情绪掌控。我们知道，来访者在有过一次或数次成功直面创伤的经历后，心理上会感觉有更多的精力，自我也会得到加强，但我还是建议慢慢地、小心谨慎地接近哀伤的情绪。

"造访"哀伤之后，我们也可以拜访希望、信心甚至快乐等对立情绪作为平衡。来访者也可能需要在哀伤处停留很长一段时间，自己来感受什么是必要的，他们也可以像上面提到的童话一样，带着希望一起面对哀伤。当他们内心足够稳定并且成功地直面创伤后，他们就不需要再过分注重内心的平衡，因为这个时候他们已经可以承受哀伤及其他不良情绪，不会出现代偿失调（压力超过了有机体的适应能力）。

5.2　香笺小字寄行云

很多心理学图书的作者都建议来访者写信，写给那些他们感觉还没有真正告别就天人永隔的人，或者写给与自己在情感联系中还有心结需要解释或澄清的生者。在书信中，来访者可以将一切萦绕在心间的话表达出来，当然也包括拒绝、敌意、痛苦和愤怒。克里斯蒂娜·朗埃克（Christine Longaker，2001）介绍了一种特别美好的方式：想象另一个人会给我们写友好温暖的回信。我们今天给"他"写一封信，隔一天自己写回信，直到把所有的心里话都诉诸笔端。这个过程可能非常漫长，我们的心结往往没办法通过几封信就表达清楚。我建议来访者在写信之前，要先对哀伤和其他感情有足够的把控力。因为其在写信的时候，通常会经历很深的哀伤和痛苦。我强烈建议来访者不要把这些信寄出去。

5.3 遇见未来年迈的自己

在第1章建立内心的稳定阶段的练习中，我们介绍过"内在团队"。未来年迈的自己或智慧老者的形象也常常在哀伤过程中扮演重要角色。老年人更能看透人生聚散，更了解人的弱点和共性，可以用辩证的眼光看待这些事。虽然我无须夸大其词或刻意美化，但是我真的常常惊讶于这种内心形象具有那么多智慧。

从前，有一个老人独自生活在花园中间的一座老房子里，那个花园一望无际，辽阔无垠，老人需要很多天才能从这头走到那头。当他垂垂老矣，没有人再需要他时，他非常苦闷。过了很久，苦闷渐渐离他远去，老人感觉自己轻如鸿毛。有一天他听到一个声音说："去吧，去收集那些被世人抛弃的日子吧！"

这样的日子可太多了。

因为他现在已经轻如鸿毛，便让风载着自己四处飘荡，收集世人不想拥有的日子。

他收集人们痛失所爱的日子，收集柔肠一寸愁千缕的日子，收集孤衾有梦、空室无人的日子，还有不堪重负的日子，怨天尤人的日子，风雨如晦的日子，怒发冲冠的日子，百无聊赖的日子。世上总有人说："今天不应该是这样的。"有时在今朝欢乐便无愁的日子里，他也能听见人抱怨："今天不应该是这样的！"老人收集时并不厚此薄彼，他对每个日子一视同仁。

风轻柔地载着他飞回了他的花园，园中的花朵和树木在阳光雨露下日复一日、年复一年地生长。

老人就这样一天天过着他收集来的被人抛弃的日子。

有一天，他又听到了那个声音："带着花园中的种子，把它们撒向世界吧！"

于是，老人再一次随风启程，把种子撒向世界各地。花朵和树木破土而出，散发着沁人心脾的芬芳。人们来到花前树下，脸上的愁云化为满面春风，纷纷说："哇! 多美的一天啊，多美的一天啊，希望每天都能如此。"

老人微笑着，继续收集被人们抛弃的日子。

5.4　仪式

仪式是付诸实践的想象，在哀伤过程中尤为重要。实践证明，来访者在疗愈过程中寻找适合自己的仪式是非常有效的。写信也可以是仪式的一部分，很多来访者觉得写信之后把信烧掉或埋葬对疗愈很有帮助，有时也可以把象征性的物件埋起来。大部分想践行仪式的来访者在仪式的设计方面都非常有想象力和创造力。

彼得·莱文指出，在其他文化中，创伤经历经常借助集体践行的仪式得到疗愈。

5.5　创造故事

我们在"幸福练习"中已经用到这种想象，至少涉及创作自己的故事，随心所欲地加入自己想要的幸福，为未来创造发光点。当然，还是有一小部分哀伤会残留于心，主要是对已经逝去的或自己从没体验过的事物的忠贞。我觉得特别重要的是，我们在想象中将幸福投射到未来时，也要允许此时此刻的自己享受这种幸福。

5.6　过错与和解

如果心理创伤是人为造成的，受创者就绕不开过错与和解这个重要话题。尽管有犯罪感的应该是施害者，但大部分来访者都感觉自己有错。这种心力内摄的负罪感可以通过想象练习还给施害者，比如想象把犯罪感"包"起来，然后"退还给发件人"。克劳斯·格罗霍维亚克也推荐过类似的练习（1996）。"退还给发件人"这种想象对因心理认同和心力内摄产生的其他情绪也有帮助，对于减轻犯罪感尤其行之有效。我还会询问来访者是否愿意在想象中把不属于自己的东西庄严地安放在"纪念馆"。这个提议得到了非常积极的回应。我建议心理咨询师首先厘清来访者有多少犯罪感属于施害者心力内摄，再寻找适当的应对之法来处理与来访者自己紧密相关的犯罪感。

受创者的犯罪感大部分都是出于对无力感的抵抗。他们宁愿有犯罪感，也不愿自己毫无反抗之力。犯罪感通常会通过直面创伤和应对无力感而消失。如果没有消失，"今日之我"可以和"过去之我"开个会，说服当时的自己，让其认为自己是无罪的。如果有必要，还可以找一个"精神协助者"帮忙劝说。

如果来访者既是受创者也是施害者，常常会有和解的需求。在这种情况下，也可以通过仪式和象征性的补偿（有时候也可以是具体的补偿）解决。来访者还可以向精神协助者寻求建议，倾听他们的回答和暗示。

最棘手的情况是，只有施害者一方希望和解，这一情况中重要的是心理咨询师要发现这种需求，并给予尊重。但施害者之所以要和解，可能是出于复仇心理，和解是一个锁链般的幌子，会重新拴住受害人。仇恨，也可能是强力"黏合剂"，因此打开锁链是合理的，也是必要的。我不是说仇恨（及和解需求）不应该出现，在哀伤初期以及直面创伤阶段之后的仇恨是健康的，但这里指的是持续不断将受害人和施害者捆绑在一起的仇恨，而不是让受害人挣脱思想束缚，获得自由的仇恨。

菲莉斯·克里斯托建议（1989）：想象自己在一个光圈中，

施害者在另一个光圈中。两个光圈相切但不相交，画面中仿佛有一个横放的"8"。犯罪感也是极强的"黏合剂"，来访者借助这个画面意识到每个人都被保护在自己的光圈中，这可以减轻犯罪感。来访者在练习一段时间后，可以再加上一个想象的仪式，首先在头脑中将捆绑自己和另一个人的锁链形象化，然后想象锁链断裂并被销毁。接着想象自己泡了一个净化全身的澡，然后穿上了新衣服。克里斯托的这个想象吸收了古老的仪式，并且将其功效发挥了出来。20多年来，我在咨询中一直用这个想象练习，常常惊喜于它能在短时间内发挥巨大的效果。

这个"横8想象"是我们工作中关于脱离"捆绑"和划界隔离最有效的练习之一，心理咨询师可以将其运用在帮助来访者建立内心的稳定阶段。

想象的仪式也进行完后，我会和来访者做各种应对犯罪感的情景练习。比如，幻想脱离和施害者的捆绑会对目前的行为有什么影响，可以让来访者具体想象自己在新的情境中会如何做。

想象在哀伤过程中和融入阶段发挥越来越重要的作用，在情景练习中起着不可忽视的作用。

5.7　意义问题

"这一切有什么意义？""为什么这些事情会发生在我身上？"这些问题的出现在心理咨询过程中无法回避。维尔茨和措贝利（Wirtz & Zöbeli）1995 年出版了《意义饥渴》[①] 一书，里面的内容发人深省、不可多得。

"精神协助者"通常能给出深邃隽永的答案，就像是出自最有智慧的人，令我震撼。

一个来访者经历了很多耻辱和恐怖的事件，创伤和后遗症让她痛苦万分，她很绝望。她已经很熟悉想象练习，有一次在练习过程中她突然很意外地停下来，对我说："我看到了一束非常美的光，它让我从容，也让我不安。因为我看不透它。"我问她对于她刚才提出的那些问题，她是否愿意求到任何答案。"我在这束光线中时，一切都好，虽然还有些沉重，但我能够放下了。"

后来，每次她感到绝望时，都和自己的光线对接。这个病例中很重要的一点是，我和她确认这个光线经验是她难得

---

① 　原书名为德文：*Hunger nach Sinn*。

的资源。如果我向她解释那束光是她对沉重情绪的回避和逃离，结果可想而知。

寻找类似的画面是一种可行的疗愈方式，但并非适合所有人。每个人都要找到自己的答案，而这意味着对有些人来说，根本就没有答案。

无论心理咨询师尝试以何种形式把自己的解释强加给来访者，我觉得都是不合适的。

我还想再分享一个故事：一位师父让徒弟用柳条篮子去打一些水回来。徒弟按照师父的吩咐做了，他在井边用篮子打水，然后回到师父家，如此反复十次都没能成功。徒弟觉得完全是徒劳，因为水在回家路上已经漏光。于是他对师父说，这件事没有意义，他不愿再继续做了。师父回答：现在这个篮子干净了。

5.8 感激与和好

在疗愈过程后期，可能会出现一个时刻，这时来访者可以让过去的事情维持现状。之后，有些来访者能迈出感激这一步。他们开始觉察到，伤痛的经历在某种程度上有助于其成长，裂痕正是光照进来的地方。虽然这并不适合所有情况，也不适合所有人，但这是可能性之一。

对很多人来说，感谢那些从通常意义上来说伤害过自己的人，或者与他们和好，是不可能甚至不可想象的。在某些情况下，这意味着给这些人再添一道伤疤。因此，在我看来，对施害者的感激与和好不应该是心理疗愈的目的，如果做到了，这是一份让来访者更丰富的礼物；但是，若专门朝这个方向努力，在来访者不愿意这样做的情况下还建议他们这样做，则是不可取的。

5.9　重新开始

前面已经讲过，我们的每一天都是新的开始。准确地说，每一刹那都是新的开始。在直面创伤和哀伤阶段过后，重新开始并不容易，因为创伤曾深入生命组织的每一个纤维。重新开始意味着持续应对日常生活中大大小小的困难，必须挖掘什么是行得通的；要尝试新方法，辨别什么是"正常"的；允许自己有伤痛的情绪。

灰暗之后，

先学会生存。

创伤之前我是谁
找回内心强大的自我

学会怀疑，

学会咬紧牙关，

学会藏住心事，

学会不讲也不听，

学会坚持和斗争。

然后，也许，

你的强硬，

会慢慢开始折磨你，

赋予痛苦一个名字。

打破沉默。

允许叫喊，

心如火烧，

让内心世界如灰烬般沉没。

让风吹干眼泪，

熄灭烛光，

在黑暗中，

沉吟不语！

现在，终于，

倾听寂静，

给另一个辉光空间，

并让它照到自己。

在这之后，

学会生活，

学会希望，

学会微笑，

学会感动与被感动，

学会信任，

学会爱。

在这个阶段，非常重要的是鼓励来访者接受他们不再出现解离之后的情绪。这往往是一个很漫长的过程，但准确地说，这是每个受创者在疗愈过程中都要经历的"正常的过程"，在这里没有必要深谈。因为本书的主题是想象在心理疗愈中的运用，所以对这种情况，我还想介绍一个关于运用想象疗法的练习。

请来访者回忆一个人，一个感觉深爱自己的人，然后在纸上写出自己希望从这个人身上得到什么。让来访者思考纸上所写的内容，哪些是他们自己可以给自己的。大部分来访者很少能给自己些什么，这样心理咨询师就有一个指导方针，知道应该往哪方面努力，可以仔细研究如何让来访者自己也能把他们希望得到的东西给自己。这里将经常用到想象的情景练习，来访者也可以常常请教"精神协助者"和"内在团队"。

安徒生童话《丑小鸭》也给我们指出一个重要的解决办法：找到自己真正的同类。我很喜欢用这则童话说明找到知音的重要性，这也是自爱的一种方式。

最后一个疗愈阶段的目标是培养来访者面对和解决冲突的能力，让来访者学会用新的方式处理或承受冲突。这是我另一本书的内容，这里不再详谈。

6

心理动力学的想象疗愈法在儿童和青少年中的应用

科妮丽娅·阿佩尔－拉姆布

明斯特大学医院儿童与青少年中心多年来运用心理动力学的想象疗愈法（PITT），对罹患创伤后遗症的儿童和青少年进行诊治，均取得了良好的疗愈效果。为了让在类似领域工作的同人对 PITT 在受创儿童和青少年及其父母身上的应用有一个具体而全面的了解，我结合自己的实际经验详细介绍一下 PITT 的工作方式。

6.1 创伤产生的影响

遭遇复杂性创伤的儿童和青少年会在精神、身体和人际关系方面迅速失去安全感。因为创伤击垮了他们的世界观，颠覆了他们的自我认知，所以受创儿童和青少年会从根本上发生动摇。由于他们不具备成年人应对问题的资源和能力，所以经历创伤时其内心的预警系统会急速响应，更容易引起严重的恐惧反应。

儿童和青少年在这种情况下最需要什么呢？毋庸置疑，他们最需要的是友好而真实的人际交流。小孩的信任感被伤害之后，不会马上理解在心理疗愈过程中自己其实处于一个有助于疗愈的人为环境，相反，他们看到心理咨询师后，首先会感到陌生，不知道对面的大人到底想干什么。

6.2　心理动力学的想象疗愈法在儿童和青少年中应用的基本原则

小孩首先会在心理咨询室内尝试保持或赢得掌控权，这个过程可能会让小孩特别辛苦。为了避免这一点，心理咨询师应该对小孩的这种掌控需求表示赞许，并把掌控权明确地交给他们。我们要尊重小孩的症状，把症状当作受创小孩目前唯一拥有的表达方式，先尽我们所能帮助小孩平静下来。

让未成年的来访者平静下来的方式不一而足。小孩经历创伤之后，会感觉"自己的心在滴血"，他们需要的首先是温暖和保护，而不是直接进行干预的心理咨询师。尤其是在咨询初期，温暖和保护对未成年来访者来说尤为重要，当然，在整个咨询期间，我们都应该尊重来访者对温暖和保护的需求。

6.2.1　交出主导权

如果心理咨询师能给儿童和青少年足够的时间来赢得他们的信任，并让他们感觉对面的大人不是那么不可捉摸，那第一步就成功了。说到底，我们要把对疗愈过程的主导权交给来访者，同时要亲切、客观地陪伴他们，并对双方在咨询中的约定负责。

多做有益的联系，但不要和施害者联系！

在建立内心的稳定阶段，遭遇急性创伤的儿童和青少年能否与家人有足够的联系至关重要。如果家人不是施害者，心理咨询师务必要促进来访者与家人之间的联系。受创伤的小孩往往极度困惑和惶恐，父母、兄弟姐妹、祖父母和朋友都是其重要的资源。然而心理咨询师在刚接触来访者时往往很难知道家人是否为施害人，所以要格外留意来访者给出的可能包含施害者信息的蛛丝马迹。还有一点很重要，就是要让来访者一开始在进入咨询室时就感觉安全和温暖。

6.2.2 竭尽全力减轻小孩的压力

小孩受到的创伤首先会储存在其身体里，也就是说，受创者精神上的僵直反应也会表现在生理上（Levine，1998）。受创者在创伤情境中既不能逃跑，也没有进行充分的抵抗，进而肢体出现了本能的僵直反应。由于小孩对周围发生的很多事情在认知上还没有形成概念，主要靠情感和身体体会事情本身，所以所谓的身体记忆在小孩身上比在成年人身上表现得更加直接。

对小孩来说，创伤经历大多是难以名状、令人恐惧的，往往还伴随着羞耻感，所以他们会尝试在心理咨询师面前隐藏创伤经验。在咨询过程中，我们能仔细观察儿童和青少年对化解僵直反应的尝试。一定要赞许他们自发尝试的各种"身体方式"，而不要打扰或禁止他那样做。由于个性不同，有些小孩会采用内敛深沉的表达方式，有些则是外放积极的。来访者的家属可以作为联合管理者帮助减轻来访者的身体压力。

6.2.3 心理指导

在心理疗愈中，清楚明晰的解释对受创的小孩及其父母来说都很重要。我们会告诉来访者，他们对于过去非正常事件的反应和处理方式是非常正常的。年龄偏小的来访者用直觉也会明白我们传达的信息含义，年龄稍大的小孩还会从认知上去理解。

有创伤后应激障碍的成年人往往会出现"过度反应""回避"和"再体验"，在儿童和青少年身上，这些反应并不明显，有时难以识别。儿童和青少年经受的创伤往往会严重阻碍他们身体、心理、认知和精神的发展。

6.2.4 适宜的语言表达

青少年来访者经常在咨询前被一种负面的情绪控制，为了瓦解这种消极情绪，我们要在咨询最开始的认识阶段就和来访者统一"语言代码"。心理咨询师可以用慈祥亲切的语气问他们想如何称呼已发生的创伤事件，以及如何称呼自己和施害者，而且心理咨询师要在接下来的疗愈过程中使用来访者选择的语言。这种看似简单的姿态背后至少隐藏两方面的深层含义。

第一，这些称呼中暗含着受创儿童和青少年自己的主观体验和对创伤事件的归类。来访者在描述自己、施害者和伤害事件时极富创作才能。如果一开始他们对此三缄其口，心理咨询师应该保持友好坚定的态度，这一点非常重要。

第二，从受创者所选用的称呼中，可以看出他们对所发生事件的责任和对过错的理解。比如来访者用"毁了我童年的人"来称呼施害者；用"受创者"或"相关者"代指自己。

这种语言结构在之后的疗愈过程中有不可忽视的作用。心理咨询师每次提及时，务必要用受创者自己选择的概念和称呼，它们能帮助我们在咨询关系中创造更多的信任感。

6.2.5 不再允许"创伤演绎"

作为心理咨询师，我们必须在最初"建立内心的稳定"阶段注意小孩是否还滞留在所谓的"创伤演绎"阶段（Levine & Kline，2005）。"创伤演绎"是指小孩用某种方式不断重复上演创伤事件。尽管我们明白小孩这样做是要完成因创伤而中断的行动，理解究竟发生了什么，但是创伤演绎是不健康的。正如彼得·莱文（1998）和莱文与克莱恩（2005）详细描述的那样，疗愈的目的是在儿童和青少年的主观经历上转化创伤。虽然在咨询初期还无法转化，但是心理咨询师首先要用体贴坚定的态度向小孩解释不断重复上演创伤事件对他们的危害，让他们停止创伤演绎。我们也要安慰来访者，并承诺之后会再和他们一起研究这一部分，到那时创伤事件就不会再刺痛他们了。

6.2.6　限制麻木和解离

麻木是指情感麻痹、抑郁、空虚，感觉"自己与外界深深隔离"。如果把"反应"的程度想象成一个维度，其中一个极点是麻木，而另一极点是"反应过度"。我们认为，不管是极端的反应过度还是情感麻木，都是创伤后遗症的表现，对受创儿童和青少年来说，这些都是让人非常不安的体验。创伤疗愈师罗斯柴尔德（Rothschild，2002）解释说，身体生物化学的警觉反应在创伤后应激障碍中不会停止。这时交感神经和副交感神经会同时被激活，巨大的威胁在导致受创者极度恐惧的同时，也会引发机体的无能为力（Peichl，2014）。

本身正常配合运行的大脑结构会在创伤情境中终止配合（Nijenhuis，2006；Von der Kolk，McFarlane，Weisaeth，2000）。如果来访者经常出现解离状况，我们就不能让他一个人待着，这样的来访者需要很多帮助才能重回现实。

下面是一个病例节选。

一个 16 岁的来访者常年遭受家庭成员以及家庭之外的人的暴力。在解离状态下她会沉默不语，双眼睁得很大。然后慢慢地，她从嘴里挤出一些单调的句子，她在重复受创期间听到的话。通过这种方式，咨询师才知道她究竟遭遇了什么。在来咨询室的初期，有时候她的解离长达 1 小时，完全不能从这种状态中走出来，需要别人给她极大的帮助才能回到现实。脱离解离状态之后，她的行为举止十分正常。来访者还坚称她感觉很不好时，也就是解离状态下，她什么都没说。来访者用这种方式执行施害者给她下的封口令。但她在解离中吐露了创伤事件中的所见所闻。解离表现了一种多么有意义和巧妙的大脑机制啊！

在疗愈重度解离或麻木的来访者时，心理咨询师不必拘泥于任何定规，只要能结束受创者的解离状态，让他重回现实，成为当下积极的行动者，就都是心理疗愈的正确做法！特别是对于受创伤的儿童，家人（在某些情况下是心理咨询师）可以触摸他们，比如抓住他们的手，让他们重新回到现实。另外，和小孩在室外散步、呼吸新鲜空气，也是非常好的方式。对于年龄稍大的小孩，可以通过有力地大声讲话来阻止其陷入解离状态，比如可以故意叫错来访者的名字，让他们产生疑惑，进而从解离中"醒"过来。或者向他们提简单的重新定位的问题，比如问当天的日期、当天是周几或来访者当下所处的位置。"声东击西"也是一种可能有效的方法，比如留意并记录来访者最喜欢谈的话题，在来访者出现解离时，心理咨询师可以和来访者谈这些话题。如果上述建议都不起效，心理咨询师可以进行一个引导，换一个谈话姿势、地点或活动，同时要求来访者也跟着做。我有一个来访者，她每次发现自己即将滑入解离状态，就会开始努力学习法语单词，这种方式对她来说非常奏效。

6.3 疗愈

6.3.1 建立内心的稳定阶段

幼儿或学龄前儿童需要完全通过成年人的"带动"来阻止其解离，而且要以小孩身体愿意接受的方式去带动他们，比如抱着、悠着他们，和他们在室外散步、用被子裹着他们，在吊床上摇晃他们，和他们一起捶打枕头或沙袋，等等。心理咨询师要鼓励受创儿童的父母，让仿佛"失神"的小孩重新活跃起来。在小孩受到创伤之后，其父母也常会六神无主，

6

心理动力学的想象疗愈法在儿童和青少年中的应用

开始疑神疑鬼，不再相信自己对小孩的慰藉能力。大部分心理健康的父母只需要一点儿有针对性的帮助，就可以重新拥有出色的慰藉能力。

父母也应该懂得如何安慰受创的小孩。尽管父母很想让时间倒流，避免创伤发生在小孩身上，但是毕竟往事不可追。只要父母自己在童年不曾遭遇创伤，没有出现严重的精神疾病，通常都可以很好地安慰小孩。

父母的安慰不应过度，或伤害小孩的边界感，要恰如其分、适可而止。"父母在小孩陷入性命攸关的威胁时，会本能地为小孩开启'保护系统'，仿佛自己陷入生死存亡的危机一般"（Korittko & Pleyer，2011）。然而这种保护行为可能会"在一定程度上有意识地变成骄纵和溺爱"（Korittko & Pleyer，2011）。受创的儿童在生理和心理上都容易陷入高度警觉状态，而父母本能的安慰是非常"感性的"，这会调动儿童所有的感觉，也包括"身体上的"感觉，这对极度惊恐的儿童来说非常有帮助。

安慰受创伤的青少年可能要比安慰儿童困难很多，具体的安慰形式要根据青少年的性格而定。比如，对于受创伤的处于青春期女儿，父母不要向她逼问创伤事件的经过，而应

235

可以不断从言语上向她保证，父母会一直在她身边，直到有一天她的恐惧慢慢消散。即使青少年对父母的这种关心显得漫不经心，甚至态度生硬，父母也要在小孩面前保持和蔼亲切的态度，不要因吃了"闭门羹"或"碰了钉子"就疾言厉色或不知所措。虽然小孩遭遇创伤对父母来说也是严峻的考验，但是在这个时候，父母更应该坚定地站在受创的小孩那一边，给小孩足够的支持和帮助。

建立有利于发展的关系

除了想象这一核心方法，还要给小孩传递一种思想，就是他们现在非常安全，可以保护自己。就算小孩现在还没有说"不"的勇气，或者没有发展出足以划分界限的能力，他们也会"测试"心理咨询师，比如会看对方是不是可以听到、注意自己小声说的"不"，或者他们会保持沉默，拒绝合作。在这种情况下，受创的青少年会仔细观察心理咨询师的反应，观察他们是否值得信任。

小孩首先要确认他面前的这个大人，也就是心理咨询师，是值得信任的。和成年来访者不同，小孩在"测试阶段"会寻找与心理咨询师的真实联系。与小孩建立这种有助于疗愈的联系可能要耗费很多心力，但是心理咨询师一定要尝试这么做。

2岁前父母关系不健全的儿童和青少年往往会因复杂性创伤，在人格发展中出现结构缺陷。这样的小孩在疗愈过程中特别需要心理咨询师的共鸣，这种共鸣满足小孩在创伤环境下被忽视甚至被破坏的发展需求和发展的必要条件（Streeck-Fischer，2006）。在理想状态下，儿童和青少年可以利用心理咨询师的外部调节，使自我调节正常化（Schore，2011）。这时一定不要支持来访者的恶性退行，而是要让他们渐渐以游戏的方式或在与心理咨询师的互动中，遇见自我或自我表征（自我在头脑中的呈现方式）。来访者的自我功能会在自动进行的自我观察中得到加强。儿童和青少年在直觉上也明白"今日之我"不只是受过创伤的"过去之我"。如果受创儿童和青少年还不能安慰、关心自己，心理咨询师在运用心理动力学的想象疗愈法时可以将自己作为一个积极的榜样（Reddemann，2011），让这些未成年来访者学习如何关怀过去受创的自我部分，建立健康的自我关系，这也是心理咨询的任务!

随着时间推移，儿童和青少年与他们的家人会渐渐沐浴在被大卫·格罗斯曼（David Grossman）称为"日常生活的疗愈力"的阳光下。他们竭力争取彼此的理解；小孩慢慢学会自我控制，能清楚感觉到周围的大人是否真正关心和支持自己（Van der Hart et al.，2008）。

孕育希望

采用以资源为导向的疗愈法时，父母（需考虑上文提到的限制）常常是疗愈受创儿童和青少年的最好资源。父母一方或双方轮流和小孩一起来咨询室，会对小孩建立内心的稳定以及直面创伤大有裨益，进行这种疗愈干预的目的是让父母在场（Omer & von Schlippe，2015），给予小孩足够的支持和希望。

从社会和政治的角度来说，个人的想象力如同一种为了未来的大局而产生，并希望改变目前实际状态的规划。

"想象力是希望的源泉；希望是想象力得到积极发挥的结果，在某种程度上是创造力的产物。此外，希望就像绝望中的人从现实中抛出的一个锚点，虽然在现实中还不存在，但在心里有了愿景。为未来抛出锚点这个动作本身就给人心带来了憧憬自由之地的勇气。"

在疗愈开始时，父母的任务就是为小孩的未来"抛出一个锚点"，在未来的憧憬中，小孩要比现在幸福很多。这样，父母就对小孩和自己定位了现在和未来，并向小孩传递了这样的信号：创伤已经过去了，不管发生什么，你都是我们的好小孩！通过这种方式，家长更接近自己本身的"父母力"，小孩也可以随时从中受益，从而形成一个良性循环。（Grossmann & Grossmann，1994）

用想象力作心理保障

家人和心理咨询师除了理解小孩的痛苦、对小孩进行安慰和支持，还需要在心理动力学想象疗愈法的建立内心的稳定阶段，找出并调动小孩的自我疗愈力。儿童和青少年尤其擅长运用想象力。在建立内心的稳定阶段，我们会系统性地引导他们利用自己的想象力创造更好的、与创伤内容截然相反的内在现实。这样就形成了：

☐ 安全感对抗不安全感

☐ 领导力与掌控力对抗无力感和无助感

☐ 希望与尊严对抗迷失和屈辱

儿童和青少年来访者，特别是他们的父母，常常会提出质疑：这类想象又没办法把已发生的事变成没有发生。面对这种质疑，我们一般可以对他们解释想象的作用，尤其要向其强调负面的画面也是有影响的。但这种质疑很快便会不攻自破，因为儿童和青少年会注意到想象有帮助的画面是多么舒适，有多么强的疗愈力。

前文介绍了"内在安全之所""精神协助者""保险柜"和"放下行李"等针对成年来访者的想象练习。在让儿童和青少年来访者运用这些练习时需要注意，10岁以下的儿童能较好地通过游戏和活动的方式呈现想象的内容，而不擅长用理论抽象的方式表达想象。10岁以上的小孩和青少年一开始有时会觉得遐想这些不符合现实的东西非常幼稚可笑，所以会表现出反抗和拒绝，心理咨询师这时要保持清醒和灵活，懂得理解和随机应变，但同时要循循善诱，让他们尝试迈出一小步。我们可以把想象练习当作未经打磨的原材料，可以任意塑形。也就是说，心理咨询师面对极度不愿合作的青少年时，可以和对方讨论，他们是否能稍微描绘一下，如果将其一直背在身上的重担放下一小会儿，情况会怎么样（Reddemann，2011）。就算他们说这种想象毫无用处，其实他们也已经开始在内心想象将经历的"垃圾"全部倒出会是什么样子。这样我们就已经处在富有建设性的、非常有价值的心理咨询中了。

心理咨询师要有足够的耐心，应该明白来访者需要时间和专注力才能熟悉想象练习，这一点非常重要。我们可以将想象练习和小孩自己已经幻想过的东西"对接"，然后只和他们做这样的练习。如果我们倾听他们的所思、所想并留心观察，就不难发现小孩是可以被想象引导的，我们也可以明确告诉来访者这件事。若儿童和青少年来访者在创造内心的画面方面长时间没有进展，我们可以考虑改变指导方式。比如简单地对来访者说："如果想象一下你在一个安全的地方，你会感觉如何？"如果青少年想象了消极的、充满破坏力的"内在安全之所"，心理咨询师应该亲切而坚定地拒绝这种想象，同时问他们想象这种地方是否对其有帮助，或者让他们幻想一下，停留在该地能如何汲取力量。

有些来访者会遐想出不同寻常的"内在安全之所"，心理咨询师要看其中是否包含潜在的自我关怀。比如，有一个跟着非洲单亲妈妈长大的青少年来访者，他的德国父亲之前有严重的暴力倾向。这位来访者想象的"安全之所"是和几个朋友勾肩搭背，一起说笑着悠闲地穿过一个非洲大都市。尽管"内在安全之所"中其实不应该有其他现实生活中的人出现，但是心理咨询师也接受了他的这个想象，并且予以尊重。

10 岁以下的儿童需要通过"玩耍"理解自己的世界，在"嬉戏"中与世界发生互动。对他们进行想象疗愈的方式与对成年人的完全不同。我们可以让幼龄儿童把对内心有帮助的东西通过游戏场景外化、演绎出来，这对他们来说易如反掌。比如，我们让小孩在咨询室的游戏间建造一处自己感觉舒适和安全的地方，这样会生成对心理疗愈非常有启发意义的游戏结构。有一个被安顿在收养院的小孩把游戏室里的整个"武器装备库"带到了"内在安全之所"，他还带了食物，自己很长时间就待在里面。他将内在安全之所守护得"水泄不通"，还加入了想象的协助者，如游戏室的动物玩具、娃娃、骑士、士兵、警察和各种形象的小丑手偶，它们对小孩建立"内在安全之所"以及之后的直面创伤阶段都会非常有帮助。心理咨询师要鼓励小孩把这样的协助者加进来，因为通过它们和作为"见证人"的心理咨询师，小孩可以暂时忘记过去在创伤经历中体验的真实而可怕的孤独感（Reddemann，2011）。

增强家庭联系

有些小孩急需增强自我功能和说"不"的能力。只要家长不是施害者（这一点对小孩来说至关重要），就可以参与疗

愈过程，有家长的支持是再好不过的。比如小孩可以在父母
一方的帮助下搭建内在安全之所。但这里要注意建造内在安
全之所的冲动应该来自小孩，父母只是协助者，不是主导者。
在父母的帮助下，小孩可以建造并布置一个自己的"隐秘角
落"，在这个秘密之所，他们觉得安全、愉快，不会被外界打
扰。这就等于父母允许经历过创伤的小孩感觉自己还是"完
好健全"的，可以为自己划分界限。小孩在这样的游戏中能感
受到不曾有过的自我完整性。

除了小孩，陪伴的家长也能从中受益。他们可以通过
"做些什么"支持小孩，体验到自己作为父母的支持能力。若
父母本身患有依附创伤，心理咨询师就需要"临时代替"父
母，在小孩面前做一个在内在安全之所自我关怀的示范；心
理健康的父母会通过帮助小孩，增强家庭联系、强化内心
"小孩和家庭都会好起来"的信念。

科里特科（Korittko）和普莱尔（Pleyer）提出了与受创
小孩的父母一起帮助小孩疗愈的六项基本原则，强调父母在
疗愈中起到的责任是不可侵犯的，这些原则和心理动力学想
象疗愈法中"恭顺、尊重"的主张一致，在我们的实践中屡屡
得到验证。六项基本原则如下：第一，与受创小孩的父母一

起工作的前提是他们不是施害者；第二，尊重每个家庭的独特性；第三，尽可能多地与家庭一起合作；第四，少让小孩承担父母的责任；第五，请父母在场；第六，与父母沟通时，尽量坦诚相待。

一般来说，那些有语言理解能力的年幼儿童在急性应激障碍阶段的语言交流都会受到影响，疗愈的基本原则是保障他们情绪的稳定（Levine & Kline，2005）。无论他们是直面创伤，还是通过其他方式处理曾经遭遇的恐怖经历，都需要先保证其外部安全，再重建他们内心的安全感。路易丝·雷德曼讲到了"内在智慧"，她说所有人都具备这种智慧，受创者尤其需要它。这种"内在智慧"是指每个人最清楚自己的身体和心灵当下最需要什么，能承担什么。即使是年幼儿童，也具有这种"内在智慧"，可以调动自我疗愈力，保护自我完整性（Simonton，2013）。

良好的疗程安排

前面提到过，与受创儿童和青少年建立良好的互动，会在疗愈中起到举足轻重的作用。除此之外，良好的疗程安排也至关重要，在建立内心的稳定阶段，要尽量避免受创儿童和青少年在创伤的泥潭中越陷越深。因此，我建议心理咨询师尽早与小孩探讨好沟通策略，避免一次次地重新演绎创伤经历（Streeck-Fischer，2014）。与来访者探讨并完成约定好的沟通内容就是基本的疗程安排！

建议心理咨询师在咨询初期不要陷入对儿童和青少年的拯救幻想中（Streeck-Fischer，2006）。心理咨询关系应该是有约束力的，要保持稳定联系，而不能伤害甚至侵扰儿童或青少年的自主权。

注意到施害者心力内摄和受伤部分

小孩过去与依恋对象互动的一些经验会深深影响他们解释人际情景的模式。他们会观察自己周围的依恋对象，在实际交往中得到的经验会成为其"内在模式"（Bauer，2007），并且他们会尽最大努力适应现实环境。"在最初的几年，年幼儿童对实际情况的判断基于依恋对象对他们的评价，他们甚至会用父母的评价来判断自己的心理状态（Bauer，2007）"。小孩对周围的大人有基本的依赖性，这种依赖性大部分非常有价值。但是当重要的依恋对象"心怀叵测"，比如家庭内部有人想伤害小孩时，这种依赖性就是灾难性的。在这种状况下，小孩会注意到对方对自己不好，甚至讨厌自己，然后在尝试适应环境或融入群体时吸收施害者的某些东西，内化到自我之中：小孩会开始厌恶自己，而且会在不知不觉中把自我厌恶当作自己的一部分，这就是所谓的"施害者心力内摄"。

施害者心力内摄等于将施害者的一部分转移到了受创者自身的内部世界。受创者会用这部分攻击自己，其变成自我伤害部分继续在小孩内心产生影响。但是施害者心力投射在创伤情境下是必要的，是自我防御机制的一种，可以帮助小孩生存下去。

儿童和青少年的受创部分就像是被"冻结"了。在心理咨询时，心理咨询师要用温暖、关怀和同情心将这部分"融化"，让来访者学着照顾自己的受创部分，年幼儿童则在游戏中以象征性的方式关怀自己的受创部分。因此，心理咨询师的任务是尽早在让来访者和他们建立更加亲切的关系。

关怀受伤的部分

进入直面创伤阶段的一个必要前提是关怀受伤的自我部分。根据我们的经验，这个工作只对有认知能力的 10 岁以上的青少年有用。以前所谓的"内心的小孩"，我们现在最好称之为"过去之我"，不难想象，每个成年人在记忆中都有多个不同年龄段的"过去之我"。

幼龄儿童会自发地玩"过家家"游戏，扮演"爸爸""妈妈"和"小孩"。我们可以鼓励小朋友在游戏中认真照顾自己受伤的部分，比如照顾"宝宝"。6岁的儿童已经可以区分各种自我状态，他们可以理解还有一个"更小的自己"非常害怕，需要照顾。有研究调查了一批经历过战争的幼童，研究人员给这些小孩一个名叫胡格的毛绒玩具小狗，让他们认真照顾它。研究表明，这对小孩非常有帮助。这些儿童的父母在战后3周的随访中表示，小孩因战争引起的压力反应通过照顾毛绒玩具小狗的心理干预得到明显降低（Sadeh et al., 2008）。

受创的青少年与自己的关系通常极其消极，而且他们非常糟糕的自我形象往往让建立内心的稳定阶段和直面创伤阶段困难重重。如果一个青少年过于消极地看待自己，很可能在经历创伤事件后，他会觉得施害者对自己如此不好甚至侮辱自己，都是"正确"的。这会形成一个恶性循环：此时心理咨询师无法判断来访者的自我拒绝只是施害者心力内摄，还是创伤经历造成的后果。

实践证明，在疗愈儿童和青少年心理创伤的整个过程中，如果来访者目前的感情漩涡或行为问题由过去的创伤经历引起，最有帮助的疗愈方式是让他们不断在想象中照顾受创的自我部分。此时，我们要探究来访者的"过去之我"究竟被牵绊在过去哪个点，或者创伤情境中具体是哪个冲突在当时没有解决。来访者或他们想象的协助者要与受创的"过去之我"建立情感联系，感受"过去之我"的痛苦，并告诉他下面几个重点信息。

- □ 对"过去之我"表示理解。
- □ 过去的经历特别糟糕。
- □ 事发时"过去之我"还太小，对于当时的情况没有收集到足够的信息，没办法采取别的思考模式和行为方式。
- □ 对"过去之我"当时的反应充分予以尊重。
- □ 明白"过去之我"仍旧很痛苦。
- □ 一切都过去了！

通过这样的方式，"今日之我"的受创部分终于承认了自己遭受的痛苦，用宽容和理解代替对自己苛刻的评判，获得了基本的心理安慰。这种安慰必不可少，只有这样，受创儿童和青少年才真正能感觉到那时的创伤情境已过去，可以放下了。如果让来访者在疗愈过程中多次通过想象照顾"过去之我",能增强他们的自我同情心,让他们善待自己,采取一种较为平衡的方式对待自己的情绪体验,缓冲创伤带来的消极影响,有助于他们在当下开启更好的生活。

因为受创儿童和青少年过去的生活时间、生活经历有限,心理咨询师对他们进行的疗愈指导与对成年来访者做的完全不同。在临床中被证明很有效的方式是,询问青少年是否还记得创伤发生之前自己是什么样的小孩。通过这种询问,我们希望能发掘一点来访者和现在完全不同的积极的自我状态。大部分 10~18 岁的青少年,只要不处于重度抑郁、孤僻或解离的状态,都可以马上给出答案。但是要注意,只有确认来访者不会出现解离和人格分裂时才能进行这种询问(Reddemann,2012)。有些青少年遭受创伤的时间比没有受创的时间还长,但只要加以引导,让他们有勇气从思想和感情上回到以前那段"幸福"的时光,也可以对接上从前积极的自我状态。

来访者将"今日之我"与过去那个没有经历创伤、一切都很好的自己在精神上对接后,他会开始相信,也能感受到那个"幸福的人"还残存在自己之中。具体而言,心理咨询师可以询问来访者，当时那个小孩长什么样、喜欢什么、讨厌什么、性格怎样等，随后继续询问来访者可以让那个"小孩"离自己多近，也就是让他们想象那个"过去之我"可以坐在心理咨询室的什么地方。来访者对这个问题的回答真是千差万别，有些来访者一开始完全没办法接受"过去之我"和现在的自己同处一室的这种想象。他们的脸部会扭曲变形，做出恶心状，把"过去之我"远远推开。由此可以看出，他们还不能召回年幼幸福时自我状态的表征 ① （Watkins et al.，1997）。在他们头脑中，受创小孩的画面占据主导地位，遮蔽了其他可能出现的所有图像。还有一些青少年说那个"过去之我"已经坐在自己身旁或咨询室的角落。在这里，要尽力通过对话让来访者在想象中与"过去之我"建立联系。

心理咨询师要提醒来访者把自己和"过去之我"之间的对话大声说出来，并且告诉"过去之我"自己现在的感受。感受当然是多种多样的，并且在对话中会发生变化。如果这项工作成功了，说明"今日之我"对从前的自己有了更多的同情心，可以触及并倾听自己的感受。在正常的疗愈过程中，

---

① 表征：信息在头脑中的呈现方式。

心理咨询师需要让来访者经常做这个练习。心理咨询师的任务是对来访者增加的每一点正面情绪进行鼓励和赞扬。

让来访者直面创伤之前，很重要的一点是建议"今日之我"将受创的"小孩"解救出来。这种方式可以在最大限度上关怀受创的自我部分。青少年来访者应从记忆中挑出一段具体的受创场景，然后在头脑中幻想自己解救那个"小孩"的画面。来访者像导演一样把这个受创的片段勾画出来，告诉心理咨询师具体的内容。心理咨询师要观察来访者是否可以在短时间内承受当时痛苦的情绪。为了在想象中解救正在经历苦难的"小孩"，来访者可以在"营救行动"前准备辅助形象，比如请警察、军队、有帮助的生灵或强壮的动物等帮忙。一切准备就绪后，心理咨询师可以安排一次长时间的咨询来"营救"受创"小孩"。

心理咨询师作为见证者，知道这样的"营救"行动有多么感人。青少年是那么富有创造力，又那么激进，可以演绎出让人难以置信的营救场景。心理咨询师的任务是注意让来访者掌握主导权，顺利把"小孩"从创伤场景中解救出来，并把画面演绎完整。所有对完成目标有帮助的东西都可以加入这个过程，心理咨询师还需留意青少年来访者自己是否真的有行为冲动，因为"今日之我"必须独立将受创的"小孩"救出，如果是心理咨询师救出了"小孩"，那完全于事无补。要赋权，也就是要让来访者有自主权和独立性，重新掌握对生活的决策权，这是心理动力学想象疗愈法的一个中心思想。

这个过程对来访者来说非常辛苦，但能很有效地使他们放下重负。青少年在想象中将"过去之我"从创伤情景中解救出来并加以照顾，这个瞬间表明来访者与自己的联系、对自己的同情心以及和自己休戚与共的感觉明显增加。这种联系一旦建立，便会在接下来的疗愈过程中保持下去。

之后，我们会指导来访者在想象中把"过去之我"送到安全之所，并对其进行安慰和照顾。有些来访者不需要指导，自己就有安慰和照顾"过去之我"的冲动，但是大部分受创青少年还是需要心理咨询师的敦促，因为他们完全不习惯自我鼓励、关怀和安慰。这种自我安慰和自我平静的能力对青少年以后的人生也非常有价值。

有些青少年还告诉我们，他们会为在内在安全之所的"过去之我"做饭、铺床，对其进行抚慰。在之后的对话中，青少年在指导下告诉他们的"过去之我"，自己会在想象中继续照顾他们。鉴于这点非常必要，我们也建议来访者完成这个对话。如果一个青少年来访者没办法在未来支持自己受伤的部分，可以在想象中让精神协助者先承担这个工作。

直面创伤的前提

要过渡到来访者能适度面对创伤经历的阶段，还需要满足一些前提。心理咨询师要用自己的专业眼光判断受创儿童和青少年内心是否足够稳定，主要症状与特征是否减轻，是否有足够的控制情绪的能力可以进入接下来的直面创伤阶段（Reddemann，2011）。在心理动力学的想象疗愈法中，成年人在直面创伤经历前需要满足的前提，对于儿童和青少年来说同样适用，而且要求更高。

一、必须可以看出来访者能承受沉重的情绪，不会出现解离。

二、来访者应该能自我平静下来，可以进行自我安慰。

三、来访者在与施害者保持联系和直面创伤之间，只能取其一（Reddemann，2011）。

上述儿童和青少年来访者进入直面创伤阶段的前提意味着以下几点：一、如果来访者有解离症状，他就不会消化创伤内容；二、进行自我平静和自我安慰的必要性需要延伸到家庭体系中，也就是说，家庭必须能给受创小孩提供足够的协同支持，小孩可以利用家庭努力创造的环境进行自我平静和自我安慰；三、若受创小孩持续与施害者联系，会痛苦不已，肯定不能承受直面创伤带来的情绪。心理咨询师务必要留心观察这些问题，受创儿童和青少年通常会在和施害者联系后出现闪回和（或）解离，如果心理咨询师没有注意到这一点，将导致非常严重的失误！

进入直面创伤阶段前，特别重要的是心理咨询师要看小孩的自主神经系统是否已经基本安定下来。比如，小孩的游戏和行为方式能否像正常的同龄人一样，小孩是否与父母有可以满足情感需求的良好联系。如果心理咨询师向来访者解释自己接下来对疗愈的打算，那么来访者即使是小学生，也可以给出同意直面创伤的肯定答复。"内在智慧"让他们在直觉上就可以感觉到自己是否准备好再次直面创伤经历。举个具体的病例：一个少年被患有精神病的父亲恐吓、虐待，在整个疗愈期间，他都散发着一种信号，那就是心理咨询师不要过问任何有关创伤的细节。但是，与此同时，他对我说，在法院听证时，他在法官面前讲述了父亲向他施加过的所有暴行。这里"简单地讲出来"和"用有针对性的方法系统地处理创伤"是有区别的。如果在做心理咨询时简单地让他讲出来，记忆和与创伤有关的情绪很可能会重新涌现并变得无法控制，这时来访者再次受创的风险将非常高。

在咨询过程中，那个少年陷入了报复父亲的狂烈幻想中，他想象自己长大变强壮之后要对父亲做什么。这种报复性幻想让原本极其惊恐、几乎不敢出门的少年感觉好了很多，这也是他在直面创伤经历时能做到的极限了。若心理咨询师强行让他直面创伤，会对他造成伤害。所以，我们没有让他直面创伤。

"处理创伤的后果常常比'直面创伤'重要得多。"我们可以称这种方式为"适应创伤"的方式，也就是将注意力放在应对来访者受创后性格的变化及其受到的社会歧视上（Reddemann，2011）。我强烈建议心理咨询师仔细审核来访者是否有不宜直面创伤的迹象，尤其是对于受创儿童和青少年，因为创伤在他们身上的影响差异较大。还有，如果要让受创者直面创伤，千万不能让他们与施害者有联系，"被动的联系"（Reddemann，2011）也不行，这是直面创伤的必要条件！必须有"外部安全"，来访者的内心才会有安全感。

另外，心理咨询师要告诉儿童和青少年，直面创伤有哪些具体的方法，然后和他们一起选择一种最适合他们的方法，这有利于培养来访者基本的安全感，以及他们对咨询掌控感，这两种都是典型而理想的感觉，对受创儿童和青少年非常有益！

自我强大是重点

关于下面介绍的直面创伤阶段，我要强调一下，三个疗愈阶段并不需要按照顺序机械、教条地开展。正如前面所说，"很多饱受创伤压力的来访者更需要强大自我，而不是能够回忆创伤"（Reddemann，2011）。受创的儿童和青少年都需要基本的自我强大！

心理咨询师要尊重和顺应小孩自己本身克服创伤的方式，要能很好地引导来访者的"创伤代偿模式"（机体自发采取的应对创伤的措施）（Fischer & Riedesser，1998）。也就是说，对于小孩在症状形成中表现出的独特的解决创伤的方式，心理咨询师首先应予以明确的尊重，只要这些症状有助于来访者的自我调节，都要允许它的存在。除非这些症状开始困扰小孩，即症状功能慢慢丧失。如果小孩同意用其他机制调节，心理咨询师可以和小孩一起来处理创伤的内容，我们称这些内容为"创伤状态",它会深入没有自行消化创伤经历的受创者的主观解释、行为模式、认知模式等(Fischer & Riedesser,1998)。

心理动力学想象疗愈法中的直面创伤过程,应该让来访者容易接受,并以更温和的方式进行。同时心理咨询师要和来访者协商日常的行为举止,以便向有助于疗愈的方向发展。因为"让青少年更接近自己、更好地回首过去和找到自身的最佳方式不是自我反省,而是行动,他们需要有对自身行为的反馈。通过这种方式,他们能获得人际反馈,注意到自己目前还没有认识到的问题"(Fischer,2006)。这样就为青少年回归生活铺平了道路。

儿童和青少年在直面创伤,需要获得足够的心理指导,以便于他们理解以温和、节制和可控的方式重新面对过去的创伤对自己有什么好处。要防止受创儿童和青少年为了尽快结束咨询或为了让心理咨询师满意,而进入直面创伤阶段。来访者必须在知道所有事实的基础上,明白和认可心理咨询师做出的疗愈方案,即"知情同意"。特别是,受创儿童和青少年常常缺乏说"不"的能力,倾向于"自己委屈"一下,配合咨询师开始直面创伤,因为他们在过去的生活中习惯了必须咬牙振作。心理咨询师的任务是防止这种情况发生。在开始直面创伤前，来访者的内心必须足够稳定，并且他们自己也同意这样做，小孩的父母最好也赞同。

至此，我们介绍了面向儿童与青少年的心理动力学想象疗愈法在建立内心的稳定阶段中需要注意的各种事项，其范围之广反映了专门针对受创儿童和青少年构建心理疗愈方式的重要性和必要性。同时，受创者的父母和兄弟姐妹也需要配合其家庭体系对其进行支持。

6.3.2 直面创伤阶段

市面上有很多适合作为直面创伤"代表故事"的图画书和儿童读物，为受创的小孩选择适合的图书需要心理咨询师的指导，并且心理咨询师需要非常了解小孩的经历及其主要问题（Perry & Szalavitz, 2008）。

心理咨询师在给小学生读那些符合他们自身创伤主题的故事时，必须不带暗示性，也不能问来访者一大堆问题。这些书中的图画和文字更多地应该作为聊天的契机，如果小孩喜欢，可以和他们一起进一步谈论。比如一篇文章介绍了一个小朋友遭遇暴力后，将心事告诉了自己信任的人，这样的故事可能会成为打开小孩心灵之门的宝贵钥匙。父母也可以参与这样的讲故事的情景，但是也要像心理咨询师那样保持中立性。如果小孩对听到的故事没有反应或不感兴趣，那么这本书就不适合他，需要更换其他方式打开小孩的心扉。

不必追求"彻底"直面创伤，直面创伤的过程要尽可能地温和而适量。这意味着，心理咨询师在进入直面创伤阶段之前，要和儿童和青少年就他们想面对的关键情景达成一致。另外，心理咨询师要提前告知来访者，可以随时采用一个停止信号中止或中断即将进行的直面创伤过程，让来访者通过这种方式保持自己的掌控权。来访者提前选好了将要直面的情境，对接下来的进程有一个相对清晰的概念。如果来访者在直面创伤经历前就知道会发生什么，可以有效防止来访者失去控制、情绪泛滥！如果在直面创伤的过程中，来访者自己扩展了所选情景，心理咨询师要问他们是否决定继续进行。要让受创儿童和青少年先在记忆中选取没有负担的积极场景来练习直面创伤的方法，再将其转移到提前选好的创伤情境中。要让来访者在自己的"内在舞台"上进行直面创伤过程，这样创伤性材料不会影响来访者和心理咨询师的关系。

实践证明，"观察者"疗法和"屏幕"疗法在直面创伤的疗愈阶段是最有效的。两者都可以让来访者与创伤保持一定的距离，并将沉重的回忆变成有结构且可以继续处理的内容，直到来访者最终将其储存为合乎逻辑的叙述。此前，来访者只要被和创伤有关的联想触发，闪回和入侵就会愈演愈烈；但是当来访者可以将创伤记忆演绎成入情入理的故事时，未来便不会对闪回和侵入完全没有抵抗力。

在这个咨询阶段中，要努力把格式塔心理学①意义上不完整的情节链条变成完整的闭环，这样来访者才会安心。在直面创伤经历时，儿童和青少年有时会把自己的疑问抛给成熟的心理咨询师，他们的疑问主要是施害人对自己做出这种事的"原因"。比如我们想象一个常年在情感上被忽视、缺乏关爱的小孩，会问"父母为什么这么做"，这种问题无论从哲学上还是人性上都很难回答。

直面创伤阶段咨询的次数取决于来访者的承受程度以及他们所选的关键情境的数量。如果在咨询过程中发现要处理的内容对来访者来说要求过高或过于沉重，心理咨询师要及时调整，比如鼓励来访者少做一些。

---

① 格式塔心理学，又称为完形心理学（德语：Gestaltpsychologie），是心理学重要流派之一，兴起于 20 世纪初的德国。

　　每次引导受创者直面创伤经历之前，心理咨询师都需要让他们通过想象把受创的"小孩"带到内在安全之所，确认他们在那里可以得到很好的照料，有他需要的一切。这样做的目的是只有"今日之我"是坐在咨询室中的，受创的"过去之我"被保护得很好。儿童和青少年来访者会慢慢地把这一流程变成"例行公事"熟练运用。只要他们注意到内在有威胁性的回忆涌现出来，其便会确保受创的"过去之我"是安全的。此外，心理咨询师有必要让来访者在每次直面创伤经历之前，把"今日的我"的体验部分也通过想象带到内在安全之所，也就是只留下"今日的我"中的中立部分来面对创伤。这一步的准备在很大程度上拉开了来访者与创伤事件的距离。再加上"观察者"疗法和"屏幕"疗法都会带来距离感，所以来访者直面创伤的风险和压力已大大降低。但是这并不能保证处理创伤时儿童和青少年来访者不会出现剧烈的情感爆发。在直面创伤经历之前，心理咨询师要和来访者约好停止信号，让他们随时可以限制自己要面对的信息量，甚至可以中止直面创伤。让来访者在咨询过程中始终保持掌控权，可以自己决定承受什么。心理咨询师要一直观察来访者在整个过程中是否出现解离。如果来访者出现解离，心理咨询师要立即停止直面创伤的过程，因为这表示来访者没有办法消化和整合目前正在进行的内容。在这种情况下，心理咨询师要让来访者重回现实。在每次直面创伤结束之时，来访者都可以在心理咨询师的帮助下通过想象关怀"过去之我"以及"今日的我"的体验部分，看"过去之我"现在需要什么，当时受创伤的时候需要什么，一般来说"过去之我"最需要的都是安慰。

"观察者"疗法

"观察者"疗法在儿童和青少年来访者身上的运用与之前介绍的对成年来访者的运用是一样的。这个方法可能听起来很复杂，但其实生动好用、合乎逻辑，受创儿童和青少年在短时间内就可以轻而易举地应用。他们会很高兴地采用这种温和的方式，因为它让他们既能保护自己，又能直面创伤。儿童和青少年的"内在观察者"在报告创伤性事件时，心理咨询师要注意来访者的叙述是否包含 BASK 模型中的四个元素：行为（Behaviour）、情感（Affects）、感知（Sensations）和认知（Kognitions）。"今日之我"可以从情感上抽离，不需要再经历或部分经历过去的恐怖事件，所以来访者不会再次感觉无能为力或失去控制权，从而避免再次受创。

心理咨询师可以在处理创伤情境中比较棘手的地方，也就是所谓的"火山口"时，让来访者再问一下"内在观察者"能不能看到、听到或察觉到更多的细节，通过提供更多的信息补充对创伤的记忆。通过这种方式，儿童和青少年来访者有可能会发掘并处理他们至今还"不知道的"记忆碎片。通过"内在观察者"从自己的全知角度观看创伤情境，把伤痛的记忆呈现出来，来访者可能会正视这段记忆，并消化它。通过"内在观察者"对创伤情境的汇报，"今日之我"的中立部分按照 BASK 模型中的四个组成部分描述创伤经历，好让来访者明白那些可怕的经历都已经过去，自己如今已生活在安全的环境之中。

每次结束对创伤情境的处理时，都要看"过去之我"在内在安全之所的状态怎么样。来访者在想象中照顾、安慰曾经受创的"小孩"，也就是"过去之我"。并在每次直面创伤后，由来访者将"今日之我"的体验部分带出内在安全之所，悉心照料，比如裹上毯子、喝茶、睡觉，做自己爱做的其他事情，或被父母宠爱。

"屏幕"疗法

与"屏幕"疗法相比，很多青少年更喜欢"观察者"疗法，可能是因为"观察者"疗法更能和创伤保持距离感。但是小学生和认知能力较弱的青少年更容易使用"屏幕"疗法。在这个疗法中，来访者想象自己有一个遥控器，并且通过第三人称讲述的方式处理之前的创伤情境。来访者需要先在快乐的经历上练习通过想象运用"遥控器"的具体功能，并学着理解，无论是快乐还是可怕的经历，心理咨询师都会注意让自己说出四个方面的内容：行为、情感、感知和认知。

小孩知道面对的创伤事件就像一部"老电影"，与创伤情境或创伤时间段迥然不同，来访者运用想象的遥控器可以调整"老电影"的各个方面，拥有权力和控制力。正如快进镜头一样，对于不想重现的情景，来访者可以提高播放速度；想仔细用心灵的眼睛观察时，也可以放慢速度。小孩也可以把颜色滤掉，把电影模式调成黑白；或调低音量，直到自己听不到屏幕中的声音。最重要的是当小孩觉得画面有威胁性，感觉自己被创伤的回忆倾轧时，可以马上停止。想象的遥控器是手中非常有效的控制装置，来访者可以决定自己能承受或想承受的限度。在这里，我想再提醒心理咨询师，要关注小孩的内在智慧！

只要小孩想终止"电影"，心理咨询师就一定要予以尊重和赞同。即使心理咨询师认为来访者将这个场景处理完会对小孩特别有帮助，也千万不能说服他们继续处理。对小孩来说，心理咨询师是否尊重自己承受力极限非常重要，这代表此时此刻不会再有人强迫他，咨询环境与受创的环境有本质区别。

咨询环境，主要是咨询关系，与创伤情境截然不同，这对小孩来说极其重要。在创伤情境中，小孩手足无措，感觉别人把自己当作物品。但是在咨询中，他们是主人翁，有掌控权，有人保护，能得到尊严和安慰！当小孩决定终止"电影"时，心理咨询师请他"倒带"，回到创伤前"一切都好"的安全画面。之后，小孩每次在运用"屏幕"疗法之前，都要自己选择一个来自真实记忆的特殊画面作为开场。来访者可以用第三人称讲述的方式来处理整个创伤情境，比如"那个女孩做了……听到……感觉到……想到……感受到身体里……"，最后需要以一个安全的画面结束，也就是小孩要创造出一个能让自己重回到安全之所的具体的情境画面，这是非常有疗愈效果的想象。当然，小孩在每一次直面创伤的疗愈时段结束前，都需要练习自我安慰，以及对那个"小孩"所遭受的一切表示安慰。在理想情况下，来访者学到的自我安慰将伴随其一生。

提高心智化能力，为创伤融入做准备

长期遭受积累的依恋创伤会全面扭曲小孩的思考能力和想象能力，小孩遭受的大部分创伤都是依恋创伤（Kirsch，2015）。因此，首先需要重新建立小孩处理复杂信息的能力、信任能力和游戏能力，让他们可以"从内部角度看他人，从外部角度看自身"（Kirsch，2015）。在心理疗愈的整个过程中，所采取的建立内心的稳定的措施都应该以这个目标为导向。在直面创伤阶段，小孩可以慢慢从情感上思考究竟发生了什么，以及为什么会发生这些事，这就是我们所说的心智化，即个体借助于想象性的心理状态（信念、感受、目标、目的、心态和愿望等）理解自身和他人行为的能力（Allen & Fonagy，2009）。

在这个有针对性地处理创伤性事件的心理疗愈阶段，我们的首要目标是将碎片化的记忆整理成一个在时间和内容上都整齐有序的故事。此外，在与儿童和青少年来访者进行的直面创伤疗愈中，还需要达到下面几个特殊的目标。

第一，确认感受。成熟的心理咨询师通过倾听儿童和青少年来访者讲述所发生的事情，为来访者创造了一个现实。因为创伤发生后，儿童和青少年常常会怀疑自己的感受，所以这个创造的现实对他们来说有非常重要的意义，也就是心理咨询师承认来访者叙述的"我记忆中当时是这样的……"

第二，找出合适的语言。10 岁以下的儿童（或更大的小孩）通常对于发生的行为、施害者对他们做了什么，没有办法进行命名。他们的身体感觉和情绪大声发出警报，但他们不知道如何描述已发生的事情。心理咨询师可以让幼童用童话人物来表达事情经过或者通过绘画呈现（Weinberg，2005）。为具体行为找到名称，对每个年龄段的来访者来说都非常重要，因为行为名称会与来访者的认知及情绪的处理方式再次连接，只有这样，来访者才能将创伤性事件成功融入自传式的记忆中。

第三，处理犯罪感。心理咨询师在来访者直面创伤经历时（常常甚至更早），通过儿童和青少年的描述得到珍贵的诊断信息，知道他们多大程度上把创伤事件的主要罪责归结于自身。认为"自己有罪"的意识在儿童和青少年来访者身上尤其严重，因为施害者往往常年操控受创者，并对其进行洗脑。在直面创伤过程中，施害人的语句会以所谓的施害者心力内摄的形式重新出现，这种心力内摄有时候非常明显，有时候比较隐蔽。心理咨询师要能够辨认出来并与小孩一起处理这些施害者的心力内摄，这一点非常重要，不这样做，心理疗愈的进程就会停滞不前（Reddemann，2011）。另外，心理咨询师要持续与儿童和青少年来访者一起处理他们的犯罪感，直到他们觉得自己对于已发生的事情没有责任为止，这一点也很重要。

第四，让小孩的父母加入。如果父母和小孩的关系充满爱并且非常稳定，最好能让父母加入直面创伤的疗愈过程。他们是小孩最重要的资源之一，小孩也能体会到父母没有"躲躲闪闪"，而是和自己一起面对沉重的往事，这会让父母和小孩联系得更紧密，对未来也是非常好的投资。大部分父母对此都很愿意帮忙：如果来访者年龄较小，父母可以将他们抱在膝上；如果来访者是青少年，父母可以仔细聆听并回答他们提出的问题，比如为什么父母没能阻止创伤事件发生。如果创伤事件发生于家庭内部，小孩会需要非施害者一方能站在自己身边，比如母亲。母亲需要选择是站在小孩一边，还是更倾向于维持自己的婚姻。并不是所有母亲都会做出有利于小孩的选择。

6.3.3 融入阶段

疗愈过程从直面创伤阶段到融入阶段（第三阶段，也是最后一个阶段）的过渡十分自然，中间没有明确的界限："你要知道第三阶段在很多方面是对第一阶段高了八度的重复（Reddemann，2011）。"也就是说，融入阶段和建立内心的稳定阶段同样是一个让来访者心理逐渐成熟的过程，只不过在第三阶段，来访者需要在哀悼过去的同时，把注意力转移到新的开始上。特别是那些因遭受创伤而被"蒙蔽了双眼"，没有学会如何应对和解决正常的生活冲突的儿童和青少年。也就是说，他们要在疗愈之后努力学习如何在正常的人际关系中调整情绪、表达感情，这种正常的人际交往，往往会让他们感觉非常不正常。他们的自我价值感以及对他人的信任时时刻刻遭受考验。来访者的心理抵抗力可能在疗愈过程中已经有所提高，并且他们掌握了快乐的能力，但是这两项能力还需要在练习中不断增强。此外，来访者还要按照对未来生活的有用性将自己的人际关系进行"整理分类"。

"不要强迫任何人和他人和解。心理疗愈应该是帮助来访者与自己和解，和他人的和解有时候水到渠成，有时候却不

是这样，不必强求"（Reddemann，2011）。雷德曼的这句话
发人深省。

6.4　展望

正如每段创伤都不尽相同，每个受创者都受个体的风
险因素和保护性因素的影响，以自己独一无二的方式消化创
伤一样，每个儿童和青少年来访者在疗愈中的融入阶段同样
表现得千差万别。在疗愈的最后一个阶段，常常会发生一些
"有关生存的事情"，它决定了儿童和青少年来访者能否重新
回归日常生活。这些儿童和青少年要付出远大于未经历创伤
的同龄人的努力，才能获得对世界的信任。即使他们经历过
一些事，失去了对自己的信任，颠覆了对世界的认知，他们
也必须学习相信自己、喜欢自己。如果事情发展得不好，小
孩很可能失去家庭，比如母亲更愿意选择维持婚姻而不是无
条件地支持小孩。

尽管如此，儿童和青少年仍可以通过心理动力学的想象
疗愈法，学习如何解决与其他人的冲突，更主要的是学会自
我镇定和自我安慰。通过心理咨询师恭顺而尊重的陪伴，来
访者重拾尊严，认识到和其他人（这里主要是和心理咨询师）

建立联系对自己帮助很大。至于那些心理疗愈方式无法触及的其他部分，小孩在疗愈过程中会自己完成。他们有极强的毅力和极大的自我帮助的潜力，可以（在父母的支持下）重塑自己值得向往的未来。他们也和其他小孩一样，想美好地生活下去!

附录：心理疗愈的重要步骤

下面我再总结一下心理疗愈的重要步骤，希望能对心理咨询师有所帮助。

创伤疗愈的阶段

☐ 建立疗愈联盟

  注意：心理咨询师需不断积极强化疗愈联盟。疗愈过程中产生的很多问题都是由于对疗愈联盟未予以充分重视而导致的。

  每次直面创伤后，心理咨询师都需要重新稳定来访者的内心。

☐ 始终争取建立并维持能给来访者提供支撑的咨询关系

☐ 努力使来访者内心稳定

☐ 直面创伤

☐ 融入与新的开始

心理咨询师和来访者"今日之我"的成熟部分一起合作,
让后者学会照顾受创的"过去之我"。

☐ 咨询关系中不支持来访者退行

☐ 移情中若出现扭曲和变形要马上指出并予以减轻

☐ 退行发生在机体内部系统("内在舞台")

☐ 心理咨询师所做的一切都要让来访者感受到安全感

建立内心的稳定阶段

一般原则:减轻压力;不要让疗愈过程本身给来访者造成
额外的压力。

☐ 承认并尊重来访者自己应对创伤的策略

☐ 介绍创伤的影响以及相关知识

☐ 告知来访者有疗愈效果的想象和认知

☐ 介绍情绪调节和情绪区分

☐ 建立安全感(内心和外界)

☐ 谈移情中的扭曲

□ 介绍不同的身体感受以及如何与身体和谐相处

□ 介绍如何克制地应对创伤

□ 内在舞台上的心理疗愈

　— 来访者赋予内在形象，也就是用不同的形象表达内心世界

　— 通过这种方式控制内在舞台

　— 学习与受创的"过去之我"相处

　— 如果可能，与资源充沛的内在部分建立联系，感受这部分的力量

　— 向"过去之我"保证，自己很在意他，会陪在他身边

　— 给自己时间与受创的"过去之我"建立联系

　— 与受创的"过去之我"的悲哀建立联系，比如倾听他的痛苦，或用其他方式了解他的忧伤

□ 将受创的"过去之我"带出创伤情境

□ 和受创的"过去之我"一起去内在安全之所

□ 如果"今日之我"有困难，不能与"过去之我"建立联系，邀请有帮助的生灵加入

□ 有帮助的生灵将"过去之我"带出创伤情境，予以安慰并带入安全之所

　　— 一般来说，在建立内心的稳定阶段，应该将"过去之
　　　我"从沉重的情境中带出

　　— 向来访者解释这样做不是要否定过去，引发今日之痛
　　　的正是过去的画面

直面创伤阶段

□ 让来访者在清晰严谨的范围内寻找创伤情境以便整合
　　创伤

□ 来访者有停止的权力（也就是说，如果他们不想继续，
　　可以终止）

□ 有针对性地运用解离方法，让恐怖变得可以承受（来访
　　者长期陷在无法承受的情绪中，这对疗愈没有帮助，也
　　没有必要如此）

□ 鼓励来访者安慰自己的内心
　　— 在每次创伤直面之后，都应尽力稳定内心，如果有必
　　　要，应通过处理施害者心力内摄来稳定受创者内心

"观察者"疗法

□ 认识"内在观察者"或"今日之我"的中立部分

☐ 内在安全之所，精神协助者

☐ 说出创伤情境并评估创伤情境有多沉重（用数字 1 ～ 10 表示，10 代表极端沉重，0 代表完全不沉重）

☐ 将所有经历创伤的自我部分带到内在安全之所

☐ "今日之我"的体验部分也需进入内在安全之所

☐ 如果有必要，让受创伤的"我"从很远的距离"观察"（有些来访者感觉只能用这种方式，否则无法将创伤融入自己）

☐ "观察者"部分和"今日之我"的中立部分一起合作

　　— "观察者"部分告诉"今日之我"的中立部分自己的所见所闻，包括身体的体验、思想、画面，以及情绪（比如观察到小孩挨打感到后背很疼、感到小孩很难过、感到绝望等）

　　— 心理咨询师注意是否来访者的所有经历过创伤的部分都已在内在安全之所，如果不是（可以通过生理判断，比如恐惧征兆），及时向来访者说明

　　— 询问来访者是否处理了整个创伤情境（心理咨询师没办法每次都准确估计到这一点）

　　— 来访者处理完创伤情境之后，要充满同情心地问受伤

的"过去之我"现在需要什么，谁可以满足他（比如
"今日之我"或"精神协助者"）。大部分情况下，受
创的"过去之我"需要的是安慰

— 探讨辛苦应对创伤的"今日之我"当下最需要什么支
持，让来访者在想象中创造这个支持，幻想有了它之
后生活是什么样

— 在同一次或下一次疗愈中，让来访者再次对创伤情境
评估沉重等级，至少要有 1 个等级的改善。人部分情
况下沉重等级都有显著的下降。但是对于长期受创者
来说，不能期待其沉重等级降至 1 或 0，除非这里处
理的是所有创伤中的最后一个

□ 哀伤与重新定位

— 接受自己的界限

— 认知、说出并处理恐怖的后果

— 检验与自己的相处以及在人际交往中的变化

—不强求与他人和解

练习一览表

1 建立内心的稳定

想象练习

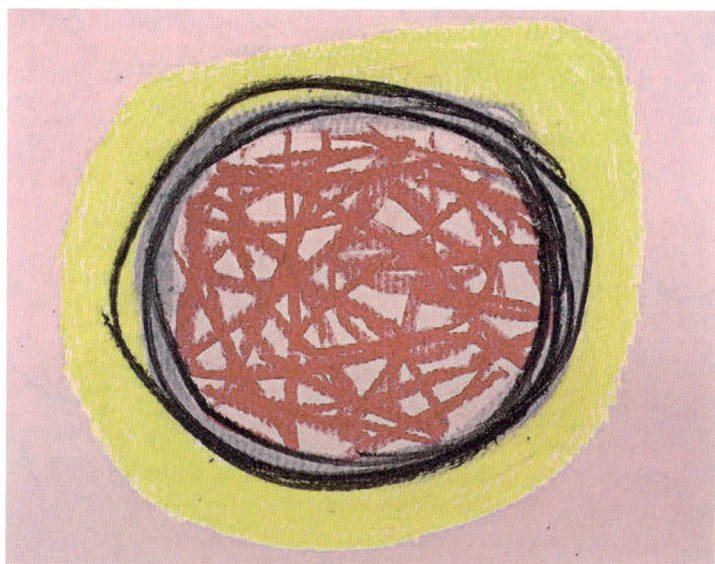

图 1　愤怒线团

图 2　螺旋光圈

图 3 光之所在

图 4　熠熠生辉的魔法球

图 5　愿望之树

图 6　鸟巢

图 7　大树

图 8 为内在安全之所编的毛毯

图 9　老鹰、猫头鹰与蝴蝶

图 10　坚固画框内的冲动抒发

图 11　坚固画框内的象征表达

图 12　第一步：坚固画框内的闪回

图13　第二步：美好的憧憬（图中文字意为"希望生命中不能承受之重变得轻如鸿毛"）

图14　第三步：盖子

图 15　档案室外观（合起来的三联画）

图 16　档案室内景（打开的三联画）

图 17　和蔼可亲的小矮人妈妈照顾宝宝

图 18　"5 岁小孩"的树洞

图 19　憧憬中的完美父母

图20　9 岁女孩完美的儿科医生

图21　探望 17 岁女生（对话框左侧：“我们很想你！”对话框右侧：“你什么时候回学校？我们都急切盼着你快回来！”）

图 22 初恋

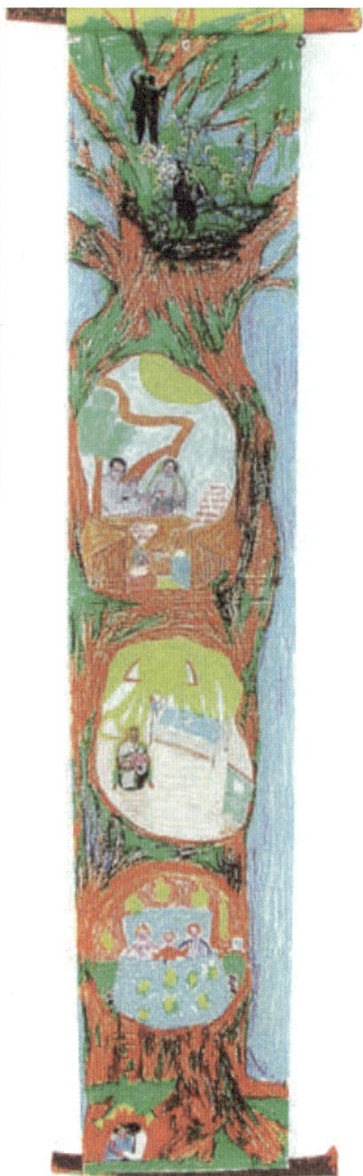

图 23 壁画

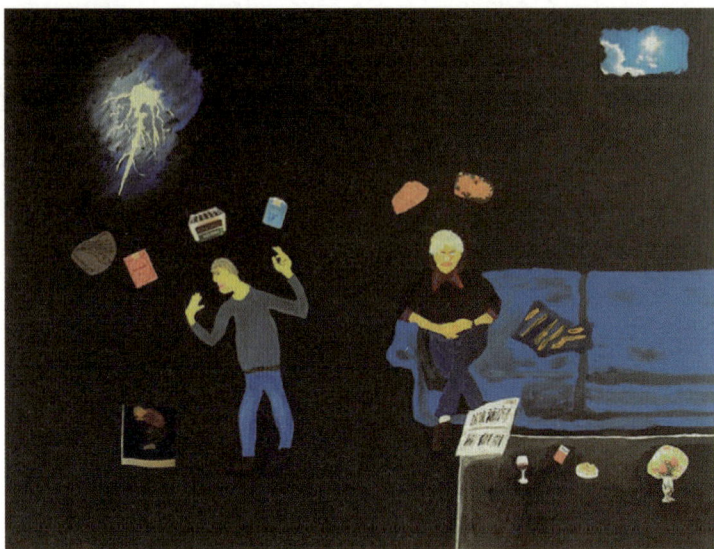

图 24　漆黑的房间

图 25　远离创伤之所

图 26 高山牧场的小屋

图 27 自由和自主（上方文字："我自由了"。中部："压力"。下方："我可以决定自己"。）

图 28　安全之所外观（合起来的三联画）

图 29　安全之所内景（打开的三联画）